# 油與醋 的美味指南

發現並探索世上最美好、最特別的調味料

# A GOURMET GUIDE TO

# OIL

## · AND ·

# VINEGAR

## 油與醋的美味指南

發現並探索世上最美好、最特別的調味料

楊‧鮑德溫 Jan Baldwin———攝影　　　烏蘇拉‧法瑞諾 Ursula Ferrigno———著　　　陳亦苓———翻譯

# 油與醋
# 的美味指南

發現並探索世上最美好、
最特別的調味料

A Gourmet Guide to Oil and Vinegar

國家圖書館出版品預行編目（CIP）資料

油與醋的美味指南：發現並探索世上最美好、最
特別的調味料 / 烏蘇拉·法瑞諾 (Ursula Ferrigno)
著；陳亦苓譯· ──初版· ── 新北市：遠足文化，
民 104.06──(Master：3)
譯自：A gourmet guide to oil and vinegar
ISBN 978-986-5787-95-0（精裝）

1. 食譜 2. 橄欖油 3. 醋

427.1                                                     104007742

作者──── 烏蘇拉·法瑞諾 Ursula Ferrigno
攝影──── 楊·鮑德溫 Jan Baldwin
譯者──── 陳亦苓
執行長── 呂學正
總編輯── 郭昕詠
助理編輯─ 王凱林
行銷經理─ 叢榮成
封面設計─ 霧室
排版──── 健呈電腦排版股份有限公司

社長──── 郭重興
發行人兼
出版總監─ 曾大福

出版者──── 遠足文化事業股份有限公司
地址──── 231 新北市新店區民權路 108-3 號 6 樓
電話──── (02)2218-1417
傳真──── (02)2218-1142
電郵──── service@bookrep.com.tw
郵撥帳號─ 19504465
客服專線─ 0800-221-029
部落格──── http://777walkers.blogspot.com/
網址──── http://www.bookrep.com.tw
法律顧問─ 華洋法律事務所　蘇文生律師
印製──── 成陽印刷股份有限公司
電話──── (02)2265-1491

初版一刷　中華民國 104 年 6 月
Printed in Taiwan

First published in the United Kingdom
Under the title A Gourmet Guide to Oil and Vinegar
By Ryland & Small Limited
20-21 Jockey's Fields
London WC1R 4BW

Text © Ursula Ferrigno 2014
Design and photographs © Ryland Peters & Small 2014

Comples Chinese rights arranged with Ryland Peters and Small through LEE's Literary Agency.

# 目錄

# 引言

當我向家人及朋友宣告我要寫一本關於油與醋的書時，他們的反應令我相當驚訝，大家要不覺得「有這麼多可寫嗎？」要不就認為「這些不是只用於沙拉醬嗎？」他們真是錯得離譜！

我必須說，這可是最有趣、最誘人的主題，充滿異國風情而且浪漫，因為其起源十分神祕。我所見過的每位油品生產商都對此崇高的果實充滿熱忱，而他們全力生產這種歷史悠久的食品並盡力使之完美的決心與敬業精神，實在是非常了不起。我發現這個主題極為迷人，同時也令人謙卑，畢竟還有太多東西需要學習、了解。

我還記得小時候在義大利時，我祖父教我如何品油。我很喜歡看他滿足地閉起眼睛咂嘴的樣子——當他嚐的油確實美味的時候。地中海周圍的土地生產了多樣豐富的優質油品，這些油很多是裝在大罐子、大玻璃瓶或有著細長頸部的大瓶子裡，之後再依需要倒入較小的容器以便使用。若是少了這些裝滿油的神奇深色瓶子，在接下來的好幾個月裡，La dispensa（店家的櫥櫃）就不完整了。

兒時嗅聞並品嚐優質油、醋的經驗至今仍令我難以忘懷，我覺得世間沒有什麼比新鮮現榨的油品更美好的了。當你喜愛某樣東西，就免不了會想盡力宣揚它的好，而我誠摯希望能透過本書達到此目標。

「橄欖樹毫無疑問是上天賜予的最佳禮物。」

——湯馬士·傑佛遜 (Thomas Jefferson)

油

Oils

# 六千年的歷史

有證據顯示，人類栽種橄欖的歷史已超過六千年之久。這種植物可能源自敘利亞，而且一般認為把野生橄欖改造成農作物的很可能是閃語系民族。

橄欖的種植從敘利亞一路傳至愛琴海島嶼及安那托利亞（Anatolia）那些陽光燦爛的山丘，這段過程相對較簡單快速。接著它繼續傳入希臘的其餘地區，而在這些地方它獲得了意料之外的成功與充分運用，進而成為地中海古代民族必不可少的重要作物。

克里特島（Crete）從西元前 2500 年以前便開始種植橄欖樹，克里特國王的富有肯定有部分是因為出口橄欖油至埃及與地中海東岸國家的關係。另外希臘人在普利亞（Puglia）日光充足且肥沃的廣大地區種植橄欖樹，也似乎就是造成羅馬人佔領該地後稱之為「大希臘（Magna Graecia）」的原因。而一般認為卡拉布里亞（Calabria）、西西里島（Sicily）及坎帕尼亞（Campania）等地區的橄欖樹也都是由希臘人開始種植的。

儘管早在古希臘、羅馬時期人們就已如此廣泛地使用橄欖油，但依舊有人認為義大利首先栽種橄欖樹的利古里亞（Liguria）地區的橄欖，是在西元 1000 年後才因十字軍東征而從巴勒斯坦傳入。不過這理論應該只適用於特定品種的橄欖樹，該種橄欖樹能在熱那亞

在許多古代詩歌（例如《伊利亞特》、《奧德賽》及《伊尼亞德》等）的段落中，都曾提到運動員會在比賽前以橄欖油按摩，以及獲勝者除了能獲得其他獎品外，還會被授予以橄欖枝做成的花冠。時至今日，當你在希臘考試成績名列前茅時，依舊能獲得以橄欖枝做成的花冠喔。

灣一帶暴露於東西向強風之硬土山坡地上生長得欣欣向榮呢。

使用橄欖油烹調的習慣從東地中海逐漸往西蔓延。針對此需求所進行的橄欖樹栽種，在西元前 580 年後，從希臘經過南義大利，一路延伸至羅馬，而在此同時，葡萄樹也到達了上拉齊奧（Upper Lazio）與伊特魯里亞（Etruria）的丘陵地帶。

**上圖** 這幅彩色版畫所呈現的，是種植在希臘的雅典衛城裡的神聖橄欖樹。在希臘，橄欖和橄欖油長久以來都佔有重要地位，而且用途廣泛。

**左側二圖** 這兩幅馬賽克拼貼畫描繪的是橄欖的採摘與壓榨過程。由此可看出這是個勞力密集的工作，而且時至今日依舊如此。這兩幅馬賽克拼貼畫來自法國的聖羅曼安卡爾（Saint-Romain-en-Gal），雖然法國算不上是世界最大的橄欖生產國之一，但橄欖油依舊與普羅旺斯密切相關，且經常應用於法國料理之中。

本頁　這棵雄偉的橄欖樹被發現於葡萄牙的阿連特茹（Alentejo）地區。葡萄牙的橄欖園數量不少，但產量低且加工技術不發達，故其相關產業遠遠落後於鄰國——西班牙。

# 橄欖與聖地

滿布石灰岩、乾燥而多石礫的土質，再加上日曬充足，這樣的環境最適合大量栽種橄欖。在加利利（Galilee）地區的各市鎮便擁有此種土質，而這裡有一座面向耶路撒冷的名山——橄欖山。

橄欖樹的種植為此地帶來了大量財富，因為這些樹特別耐寒且可長到 12 米／40 英呎高。每棵樹能產出高達 120 公斤／265 磅的橄欖，這在當年至少能做成 25 公升／26 夸脫的橄欖油。但橄欖樹需栽種 10 年以上才會有如此理想的收成，而栽種 30 年時才達到高峰。

橄欖一般在九或十月收成，這點至今依舊不變。人們用長長的竿子搖晃橄欖樹枝，讓橄欖落下，而剩餘的橄欖就留給窮人撿拾。成熟的橄欖果實呈粉紫色且閃耀著光澤——這仍是現今橄欖油生產商所尋求的優質橄欖特徵。

在巴勒斯坦，我們今日所認知的特級初榨橄欖油並非以壓榨的方式生產。只要把大量的橄欖放進大籃子裡，橄欖本身的重量便足以使之釋出珍貴的橄欖油。從某些古代畫作可看到人們將橄欖放在以岩石挖鑿而成的圓球形空間，而橄欖油則從底部鑽好的小孔滴出。另外還有一種方法是將熱水倒在橄欖上數次，然後收集浮在水面上的橄欖油。這樣的橄欖油被視為是最高級的油，會裝在陶罐中並存放於當時有錢有勢者的地窖裡。這些裝滿了橄欖油的罐子構成了君主們的真正財富。在西元前九世紀，人們將存放在以色列國王的宮殿裡的橄欖油存量資料刻在陶器上，而這些陶器於好幾世紀以後在巴勒斯坦的撒瑪利亞（Samaria）被挖掘出來。

在摩西五經的最後一本《申命記》中，油被視為是富裕、歡樂和友誼的象徵，而它也代表了力量與智慧。今日橄欖油仍廣泛運用於中東料理，負責提供油

左頁上圖　橄欖山一景，可看見位於耶路撒冷的客西馬尼園（GETHSEMANE）。客西馬尼園中有好幾棵橄欖樹已被認定為目前科學已知最老的橄欖樹。而經 DNA 檢測證實，這些樹都源自於同一棵母株。

左頁左下圖　這些被稱為油罐（AMPHORAS，也稱為雙耳陶罐）的巨大赤陶壺來自號稱歐洲最古老城市的克諾索斯（KNOSSOS），它位於克里特島。這些陶壺可能曾用來儲存橄欖油，而塞子則用於保護罐內油品。

左頁右下圖　橄欖山低坡處的押沙龍柱（ABSALOM'S PILLAR），位於耶路撒冷的汲淪谷（KIDRON VALLEY）。

下圖　這個雙耳陶罐以黑色圖案裝飾，上面描繪了三個工人以長桿搖晃橄欖樹枝，然後將落下的橄欖收集在籃子裡。其歷史可追溯至西元前六世紀，目前陳列於倫敦的大英博物館。

脂，也用於個人的衛生保健以及美容產品的調配、製造。另外橄欖樹的木質顏色美麗、強韌又富光澤，總是很受歡迎。

橄欖油曾一度用於君主的受膏儀式（anointment），有趣的是，耶穌（Jesus）的別名「Christos」這個字的原意就是指「受膏者」。

近東與地中海地區的古代帝國都倚賴橄欖樹提供主要油脂來源。確實，在所有西方語言中的「油（oil）」這個字，都可追溯至拉丁文的「oleum」和希臘文的「elaion」，再到更古老的閃語字「ulu」。而這些字指的都是橄欖油。

# 橄欖的生長

今日所栽種的橄欖——油橄欖（Olea europaea）的真正基因來源目前仍不得而知。有些科學家相信，「歐洲（European）」橄欖，亦即唯一果實大得足以食用的木犀欖屬植物（olea），是由兩種以上不同品種混合而成的。

還有一些科學家則認為油橄欖代表了一群非常多樣化的植物，其生態型或亞種分佈於全球各地的不同地理區域。

幾乎每個有種植橄欖的地方也都存在野生橄欖樹及名為胡頹子（oleaster）的灌木植物。這些植物可能是由主要栽培品種的種子所長成，是透過食用其果實的鳥類或其他野生動物而散佈出來，不過它們也可能是早在主要栽培品種引進前就已存在的其他亞種或生態型的更成熟形式。所有木犀欖屬植物的染色體數目均相同，而他們之間的許多雜交配種也都相當成功。

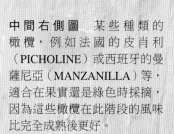

**上方最左圖** 橄欖樹的主要生長階段發生在春、夏與秋季。有些花苞會開花結果，有些則會轉為嫩芽，再長成樹枝。

**中間左側圖** 盛開於春末的橄欖樹，在義大利的托斯卡尼。這些盛開的眾多花簇約有二十分之一的機率會變成橄欖。而在開花後再等六到八個月，便可採收橄欖。

**中間右側圖** 某些種類的橄欖，例如法國的皮肖利（PICHOLINE）或西班牙的曼薩尼亞（MANZANILLA）等，適合在果實還是綠色時採摘，因為這些橄欖在此階段的風味比完全成熟後更好。

**上方最右圖** 其他種類的橄欖，像是尼斯（NIÇOISE）或是希臘的卡拉馬塔（KALA-MATA），則適合於完全成熟後享用。紫黑色與充滿光澤的表面，就是這些橄欖已可採摘的信號。

接著來談談橄欖在樹上的生長情況及其年度週期。正如前面提過的，橄欖有數以百計的許多不同品種。就和葡萄一樣，各品種的種植取決於氣候、土壤，以及是要用來榨油還是食用等使用目的。以食用橄欖來說，果實的緊緻與飽滿程度是最重要的，而用於榨油的橄欖則必須具有較高的油脂含量。所有橄欖一開始都是綠色的，再慢慢轉為粉紅、紫色，到了完全成熟時便呈現黑色——我個人覺得橄欖的顏色變化還挺美妙的，很值得欣賞。

我去體驗採橄欖活動時（很好玩喔！），他們說要選擇外表同時呈現出粉紅與紫色的果實。呈紫黑色且帶有光澤的是已完全成熟的橄欖。某些種類的橄欖，

像西班牙的曼薩尼亞（Manzanilla）及法國的皮肖利（Picholine）在還是綠色時採摘會比較美味。其他如著名的尼斯（Niçoise）與希臘的卡拉馬塔（Kalamata），則適合於全熟時採摘。橄欖樹能否種植成功與氣候密切相關——這些樹無法忍受極端的寒冷與潮濕，但卻能存活在長期的乾旱之中。因此最適合橄欖樹生長的地區是在北緯 25°至 45°之間，而它們在冬季溫和、夏季漫長且炎熱的地中海氣候區生長得特別好。

　　橄欖樹可以長到高達 15 米／50 英呎，但一般都會被修剪至一半高度以利採摘。其樹幹在年輕時呈灰色且表面平滑，隨著樹齡增加會越來越扭曲、粗糙。橄

上圖　在以色列，耶路撒冷的客西馬尼園中的一叢橄欖樹。即使年事已高（由其粗糙扭曲的樹幹可明顯看出），這些橄欖樹依舊能夠結出果實。

右圖　除了生產廣獲全世界重視的美妙橄欖果實外，橄欖樹的葉子也很有用處。詳情請見本書第 43 及 169 頁所介紹的相關醫藥用途。

**此跨頁** 橄欖在乾燥、乾旱的氣候區中欣欣向榮，就像在克里特島上的這些橄欖樹。它們能存活於長期缺水的環境，但無法忍受極寒或潮濕的天氣——這正是為何橄欖主要都栽種於冬天通常不會太冷的地中海型氣候區。

橄樹在種植後的五到八年之間才會第一次結出果實，接著便能持續生產很多、很多年。這些樹極具韌性，因為當其主幹死去，便會有新芽從根部冒出，然後長成新的枝幹。Carol Drinkwater 曾經寫過橄欖油的生產過程，而她發現在敘利亞的老橄欖樹即使高齡 600 歲，卻仍能結出果實。甚至連客西馬尼園裡的橄欖樹都還很健壯，也能開花結果呢。你當然可用種子種出新的橄欖樹，但這些樹需要好幾年的時間才能達到可結出果

右圖　這是一幅橄欖（油橄欖，OLEA EUR-OPAEA）的植物繪圖，除了畫出葉片與花朵的排列方式、細節外，還有露出了果核的果實剖面圖。

實的階段。因此一般都是利用成熟橄欖樹的樹枝來插枝繁殖。有些品種的橄欖已發展出抗寒能力，有些則能抵抗病蟲害及乾旱，而插枝繁殖便代表了新長成的橄欖樹將同樣具有這些能力。

　　橄欖和櫻桃、洋李等一樣，都是帶有果核的水果，而包在橄欖果實內的細長果核裡藏著該樹本身的種子。在植物學上，這種果肉包著果核的類型被稱做核果（drupe）。橄欖樹為常綠樹木，其葉片在存活 3 年左右後才會死去並更新。而橄欖葉會沿著樹枝成對生長，每片葉子都是完整、獨立的，跟柳樹的葉子很像──亦即呈長矛形，光亮且堅韌。橄欖葉的表面為深綠色，背面則因佈滿鱗狀物而呈現銀色綠。這就是為何當橄欖樹被風吹拂時，看起來總會像在銀色的薄霧中閃爍著微光般。它們會在春末時綻放一簇又一簇的白色花朵。依品種不同，一簇花可能包含 10 到超過 40 朵不等的花朵，但這些花朵只有二十分之一的機率會成為橄欖。雖說橄欖樹屬於自花授粉型的植物，但其花朵很難在最佳時機達到受粉狀態，天氣是最主要的障礙。在開花時期一旦下起雨來就慘了。因此橄欖的著果是不穩定的，不過通常可透過種植其他品種的橄欖樹，以異花授粉的方式來改善此問題。

　　橄欖樹於六到十月之間結果。在這段期間，果核（內果皮）會硬化，果肉（中果皮）變豐滿，而果皮

右圖　義大利普利亞地區的橄欖採收期從十一月持續到十二月。

下圖　利用小耙子把橄欖撥離樹枝。這些橄欖通常會被「梳」到位於樹下、鋪在地面的網子上，以利收集。

最下圖　新收成的橄欖。雖然呈綠色的橄欖通常味道較苦，但也必須小心避開過度成熟的果實，因為太熟的橄欖會有酸臭味。

左頁左圖　傳統的橄欖採摘方式是讓橄欖掉落在網子上。而坐在左邊的那位女士則負責將橄欖與樹葉、細枝分開。

最左圖　橄欖的生產多半都是家族事業。這位巴勒斯坦男孩對著鏡頭展示他在加薩（GAZA）採收到的橄欖。直至今日，橄欖的採摘依舊是高度手工化的作業，不太可能完全以機器取代。

左圖與下圖　巴勒斯坦的橄欖採收期從十月初開始持續很長一段時間。但其實現在的採收期已經比過去要短，而且每年的採收狀況都不同。收成後的橄欖要趕快送往加工廠，因為越快榨油風味越佳。

（外果皮）會包覆果肉，並隨著橄欖逐漸成熟，外果皮將從綠色漸漸變成紫色，再到紅色、黑色。在開花後的六至八個月，橄欖的含油量便到達頂峰，呈現黑色且完全成熟。

橄欖樹大多都分佈於乾旱區，它們只需要很少量的雨水，且可存活於極貧瘠的土壤中，因為其根部會深入地下尋找任何可得的水份。而在這樣的環境下橄欖樹只能達成一般的收成量，但若再加上悉心照顧，它們便能有更多產量，還能每年結果，不會每隔一年才結果一次。

今日，種橄欖可是很賺錢的大生意。橄欖油是國際化的商品，因此有越來越多農家採取現代化的種植方式，就和其他重要作物一樣——現在在最商業化的橄欖園裡也都會進行施肥、修剪、灌溉等動作。

在初秋與初春時，農家會為橄欖園翻土除草，並且修剪橄欖樹。修剪很重要，但需要大量人工——把樹冠部分修得比較稀疏些，結果的樹枝便能接觸到陽光與空氣；而去掉大量出現在橄欖樹底部的那些沒結出果實卻又茂盛生長並吸走大量養分的樹枝，就能夠更有效地利用土壤中的養分。依據照料的仔細程度不同，一棵橄欖樹約能產出15～20公斤／30～44磅的橄欖。每棵橄欖樹都得靠手工費力、仔細地一一處理。沒有捷徑，也沒有任何機械化的修剪辦法。因此種植橄欖的農家一整年都很忙碌，畢竟除了修剪與施肥外，他們還必須採收、榨油。

橄欖樹與其他果樹一樣，其果實也會被真菌和昆蟲襲擊。而橄欖的最主要敵人是橄欖蛾，這種蛾的幼蟲會把橄欖葉與花苞都吃得一乾二淨。為了控制這些敵人，有時便可能需要噴灑農藥。不過有些生產者擔心農藥會污染橄欖果實，故選擇有機的栽種方式。

這一切的努力當然都是為了能收成大量橄欖，但橄欖樹能提供的好處可不只有果實而已。這不朽的樹木幾乎每個部份都有用途。修剪下來的樹枝可成為升火用的絕佳薪柴——我祖父都說這些樹枝是我們妥善照顧橄欖樹的獎賞。燃燒橄欖枝所產生的熱度在各種薪柴中可算是數一數二，很適合用於披薩烤爐。另外橄欖木以其美麗的黑色和棕色紋理，還有蜂蜜般的色澤而備受珍視。我超愛我那些以橄欖木做成的各式物品

上圖　這個大型碾磨器位於法國的莫桑萊阿爾皮萊（MAUSS-ANE-LES-ALPILLES），為當地的一家合作社提供榨油服務。

右圖　在巴勒斯坦的納布盧斯（NABLUS）附近的一個小村莊，一名巴勒斯坦工人將壓碎的橄欖鋪在石製榨油機的金屬板之間。

——它們是如此特別，而且觸感極佳。

羅馬人對橄欖木的重視程度甚至高到禁止一般用途，他們規定只能在祭神時燃燒橄欖木。現在，橄欖木廣泛用於製造家具、盒子等產品，就和希臘時代一樣，也是工匠製作藝術作品時會使用的材料之一。

前面提過，橄欖葉具有醫療效果。此外更有很多地方會將壓榨後的果核與果皮殘渣做為飼料或是橄欖樹的肥料使用。還有什麼樹能擁有如此輝煌的歷史與民俗傳統呢？

# 萃取橄欖油

一些在陶瓶上的圖案說明了人們會先摘取少量橄欖，然後用漏斗將汁液榨取至小瓶子裡，以確認其成熟度與品質。他們會評估以此方式萃取的橄欖油的風味和香氣。而描繪了此一過程的古代器皿，至今仍展示於世界各地的博物館中。

**上圖** 這是在義大利的龐貝城，以維蘇威火山的火山岩所製成的橄欖壓碎器。這個精巧的機器是專門設計來分離果肉與果核的。由於橄欖的果核相當硬，因此在壓榨前通常都需要先碾碎才行。

**下圖** 用來儲存橄欖的傳統赤陶壺。今日通常是將橄欖泡在鹽水或油裡以維持其新鮮度。

**右頁** 從橄欖到橄欖油的製造過程包含了幾個階段。最近越來越流行舉辦橄欖油的品油晚會，而這讓你有機會在購買之前先品嚐看看。在品油前，最好別抽煙或刷牙，否則味覺會受影響。另外在品油時，請讓油滿佈整個口腔後再吸氣，如此才能充分感受到橄欖油的新鮮與果香。

雖說橄欖最好在採摘後立即榨油，但有時人們會把橄欖堆置在榨油機旁的地板上。萃取橄欖油的第一個步驟是分離果肉與果核，由於橄欖的果核相當堅硬，所以在壓榨前通常都需先碾碎才行。

而碾碎橄欖的方法很簡單：就把橄欖放在容器中，然後以圓柱狀的石頭來回滾壓即可。不過羅馬式的橄欖碾磨器是以兩個串在同一橫軸上的圓柱狀石頭所構成，並且靠著兩者之間的垂直鉸鏈轉動。當中央軸開始轉動，那兩塊石頭便會隨之在裝有橄欖的扁平容器上快速旋轉，而兩塊石頭間的距離是可調整的。這種方式能夠有效分離果肉而不壓碎果核。

迄今最古老的橄欖榨油設備位於克里特島，其歷史可回溯至西元前 1800 ～ 1500 年。另外在基克拉澤斯群島（Cyclades Islands）的某座島上也發現了一個「吊桿式」的橄欖壓榨器。這種壓榨器出現在許多彩繪的陶瓶上，尤其是製造於西元前 1800 ～ 1500 年的黑色圖案型陶瓶。其利用的是槓桿原理：將桿子的一端插在牆面的洞口中，或是架在兩個石柱間，然後將另一端朝下壓，通常會掛上沉重的石塊。這樣一來放在桿子中間下部的橄欖（裝在麻布袋裡或夾在木板間）便會被壓碎。

壓榨出來的液體會先靜置於大缸裡，接著利用缸底的水龍頭讓水分流掉。將油從含水的液體中徹底分離是非常重要的，因為這種液體不僅味道苦，還可能破壞橄欖油的風味。之後還會再反覆為橄欖澆上熱水並加壓，而橄欖油的品質會隨著壓榨的次數逐漸變差。

一般來說會產生三種等級的橄欖油：最高等級的用於烹調，另外兩個等級則用於化妝品或盥洗用品。

本頁　雖然這些可敬的老橄欖樹不論在一天中的哪個時段看起來都很美，但不可否認地，傍晚時分的它們更是散發著某種神奇魔力。

# 新世界產區

隨著其知名度逐漸提升，「新世界」產區的橄欖油市場正在經歷一段前所未有的成長期，而位於最前線的包括了智利、阿根廷、南非、澳洲、紐西蘭，以及美國等地。其中的南非相當值得一提，儘管其市場還處於起步階段，但近幾年卻已贏得不少國際獎項。沒錯，Morgenster 莊園（請見第 38 頁）已在 2005 年於義大利舉辦的 L'extravirgine 競賽中獲得全球最佳混合橄欖油獎。另外 2013 年的紐約國際橄欖油競賽雖是由義大利和西班牙稱霸前兩名，但一口氣獲得了 36 個獎項的第三名——美國才是最受矚目的參賽國。

右圖　這個位於加州的年輕橄欖園屬於典型的新世界新興生產者，他們充滿野心，正在努力生產許多令人振奮的優質橄欖油。

種植橄欖樹的巨額投資再加上達到高產量所需的等待時間，形成新世界產區極為仔細且嚴謹的生產程序，而這更進一步造就了各式各樣真正品質絕佳的好油。

新世界橄欖油的活躍成長（尤以澳洲、智利與美國的表現最為搶眼）已達到一特定時機點，此時一些「舊世界」的橄欖油生產者已變得驕傲自滿，於是其生產水準便開始下滑。為了能生產出更好的橄欖油，目前正積極杜絕的弊端包括了在壓榨前將已收成的橄欖堆放數月任其腐爛，另外還有為了降低成本而確實摻雜了各種如棉籽、大麻籽、芝麻、棕櫚仁、葵花籽及榛果等種籽油的惡劣行為。普遍存在於橄欖油產業中的詐欺問題的確是國際橄欖油理事會（IOOC，International Olive Oil Council）發展的原因之一，尤其是將橄欖果渣油標示成特級初榨橄欖油來販賣的現象。

　　2013 ～ 2014 年全世界的橄欖油總產量粗估為 309 萬 8000 公噸。其中包含三個世界最大橄欖油生產國的歐盟，就佔了 203 萬 8000 公噸。而第一名的西班牙以 153 萬 6600 公噸的驚人產量（只比全球總產量的一半少一點）遙遙領先，義大利則以 45 萬噸屈居第二，接著是希臘的 23 萬噸。而除了歐盟以外的最大橄欖油生產國為土耳其（18 萬噸），接著依序為敘利亞（13 萬 5000 噸）、摩洛哥（12 萬噸）、突尼西亞（8 萬噸）和阿爾及利亞（6 萬 2000 噸）。

　　在 2013 ～ 2014 年的全世界橄欖油粗估總產量中，舊世界佔了 300 萬又 5000 公噸，新世界則佔 9 萬 3000 公噸。不過這樣的結果值並未說明一切，過去 10 年，舊世界的產量一直都徘徊在 300 萬噸的大關附近，但在 2003 年時，新世界的產量僅是今日的四分之一而已。現有的，以及新加入的新世界橄欖油生產者在過去 10 年間出現了所未有的成長。其中一個最好的例子就是澳洲，他們從 1998 年才開始生產橄欖油（該年度的產量為 500 公噸），而其 2013 ～ 2014 年的粗估總產量卻已達 1 萬 8000 噸。同樣地，智利在 2006 ～ 2007 年才進入橄欖油市場，卻於 2013 ～ 2014 寫下 3 萬 2000 公噸的粗估總產量紀錄。美國亦不遑多讓，現在其年產量已達 10 年前的 10 倍之多，相當傲人。這樣的狀況十分振奮人心，因為隨著越來越多的新橄欖園在未來幾年內首度收成，此上升趨勢肯定會持續下去。

# 各類油品

在逛超市時，你肯定會注意到近來有越來越多不同種類的食用油可讓你挑選、購買。由於每種油的用途不同（有的適合用於沙拉醬，有的適合做醃料，有的則可做為自製美乃滋的基底），故我強烈建議各位依需求來挑選架上油品。

## 杏仁油

這種油看起來顏色清淡乾淨，風味相當中性，而令人驚訝的是它嚐起來沒什麼杏仁味。杏仁油主要用於烘焙與糕點製作。我發現它很適合用來塗烤盤，或是用於製作味道非常細緻的海綿蛋糕及舒芙蕾之類的東西，甚至我偶爾會在製作糖果時把它塗在大理石板上。只用杏仁油無法為蛋糕和餅乾提供足夠的杏仁風味，你必須使用杏仁精或是直接使用杏仁。

## 酪梨油

這種油萃取自無法食用的酪梨果核，是一種非常中性的食用油。它沒什麼顏色，也沒什麼香氣。雖然酪梨油沒有濃郁的酪梨味，不過感覺起來、嚐起來確實都很油膩。

## 玉米油

這是全世界最經濟也最廣為使用的食用油之一。它呈現深沉的金黃色澤，而且風味強烈。基本上玉米油可用於幾乎所有的烹調用途，包括烘焙，但不適合用於製作沙拉醬和美乃滋。另外在油炸方面我也較偏好使用質地更清淡的油，像是花生油或葵花油。

## 水果油

這類油和其他油品的不同之處在於──它們主要是用來增添風味而非用於乳化（例如美乃滋）、潤滑（例如沙拉醬），或是烹煮（例如油炸）等目的。水果油是儲存在柑橘類果皮中的精華油脂，葡萄柚、檸檬及甜橙油等都以明顯的香氣和濃郁風味著稱。只要一滴，就足以讓一盤菜充滿該種水果的香氣與風味。在使用水果油時，我都會搭配少許烈酒，像是琴酒或伏特加，好替魚類或雞肉料理增添風味。另外拌進蛋糕的卡士達或奶油餡料中也非常美味。不過水果油並不適合加進蛋糕麵糊中，因為它們很容易揮發，所以一加熱就消失了。

## 葡萄籽油

這種食用油的色澤很淡、質地細緻且相當中性，但味道很好，它是從葡萄籽萃取而得，非常普及。葡萄籽油很適合用於油炸以及一般的烹調用途，同時也是我製作美乃滋時最愛用的油。當你想使用榛果油或芝麻油，但發現它們味道太強烈時，便可利用葡萄籽油將之稀釋至你覺得合適的濃度。

## 花生油

這是一種適合所有烹調用途的理想油品，不論油炸、烘焙、做沙拉醬還是美乃滋，都很合適。法國料理和中菜都很常使用花生油，這點充分證明了其品質。

## 榛果油

這種油價格昂貴但非常美味，是近年來許多變得越來越易得的堅果油之一。就因為太貴，所以不是處處都合用，但可用在精緻的沙拉上，搭配極少量的陳年葡萄酒醋或檸檬汁，另外再灑上一點碎榛果。榛果油的風味濃郁，那滿溢堅果味的棕色油脂和魚類料理最是對味，可做為生魚片沙拉的醃料兼醬汁使用。我曾在烘焙加入了碎榛果的糕點時，奢豪地使用榛果油做為起酥油。它的起酥效果絕佳，雖然加熱時會損失掉一些風味，但反正它風味這麼強烈，即使損失部分也仍綽綽有餘。

## 菜籽油

鮮黃色的油菜花田是英國唯一的國產食用油來源。油菜花是由羅馬人引進的產油作物，因為英國無法種植

橄欖。以油菜花的種子製成的菜籽油風味溫和、中性，適合油炸、烘焙及其他多種用途。其飽和脂肪含量低於大部分的其他常用油脂。而菜籽油（rape-seed/canola oil）有時會被誤稱為芥花油（mustard oil），這是因為油菜和芥菜都屬於十字花科蕓薹屬的一員，而且兩者還擁有類似的黃色花朵，非常容易混淆。

## 芝麻油

以冷壓方式製成的純芝麻油呈現濃厚的淺褐色澤，香氣獨特而強烈，帶有堅果風味。確實有很多人覺得這種油的味道過強，因此使用時以一茶匙的芝麻油搭配兩湯匙的葡萄籽油就很足夠。而芝麻油由於含有可防止油脂變質的成分，所以非常容易保存。

　　經烘烤過的芝麻油則呈現深金黃色，是日本料理與中菜的重要食材之一。其用途主要偏向調味、增添風味或是醃漬食材，較少做為烹調的介質使用，因為它的燃點較低。

## 葵花油

葵花油可能是最理想的萬用食用油。它沒有明顯的味道，呈淺黃色、質地清淡，因此很適合油炸，也很適合用來製作沙拉醬、美乃滋，若有需要亦可與其他重口味的油脂混合使用。

## 核桃油

這種美味的堅果油來自法國（多爾多涅-佩里格地區（Dordogne-Perigord）及羅亞爾（Loire）河谷一帶）與義大利。由於是小規模生產，因此價格昂貴。核桃油保存不易，開瓶後就必須存放在陰涼處以免變質，但又不能放在冰箱裡，因為會凝固並變色。

　　核桃油很適合用於沙拉，只要混入少許好醋或檸檬汁，再灑上一些碎核桃就很美味。而烘焙時使用核桃油可增添風味深度，例如用於製作咖啡核桃蛋糕、與切碎的核桃及葡萄乾混合後抹在早餐的麵包上、製作核桃塔之類的糕點又或是核桃餅乾等。拌入萊姆汁與洋蔥後則可成為絕妙的生魚片醃料，你還可用核桃油來替雞肉料理的醬汁及醃料增添風味，另外搭配溫沙拉也非常可口。

# 使用油來烹調

雖然很多人使用特級初榨橄欖油煎、炒食材，但我絕不建議你這麼做，因為加熱會使之燃燒並釋放自由基。另外我發現煎、炸等方式會破壞橄欖油的風味、營養及精華，但我知道有些人並不認同這點就是了。

榛果油

芝麻油

辣椒油

葵花油

凡是要煎、炒或油炸時，我都會使用一般的橄欖油或花生油。花生油很耐高溫，對於維持食材原色和快速加溫來說是個好選擇。亞洲料理便大量使用花生油。和所有其他油脂一樣，花生油也絕對不能加熱到冒煙，冒煙是過熱的徵兆——油會變黑並形成丙烯醛，而丙烯醛是有毒的。

　　有時在橄欖油的瓶底會出現一層白色固體，當橄欖油暴露於較冷的環境時便會有此現象，但這並不會破壞或改變油的品質。若你發現橄欖油有凝固現象，只要讓它恢復至室溫，它就會恢復原狀。而儘管如此，橄欖油還是別放在冰箱裡比較好。

菜籽油

核桃油

花生油

椰子油

# 關於品油這件事

橄欖油的品油會已逐漸成為一項熱門活動，這些品油會多半由烹飪學校、葡萄酒專賣店或是熟食店舉辦。你可在這些活動中先嚐過再決定是否購買，且可比較各種不同的橄欖油。這不僅有趣，更是在花錢之前先找出個人偏好的絕佳辦法。而品油有幾個小技巧：在品油前我通常會吃個蘋果或是一點茴香來清理味覺；另外就是盡量別在品油之前抽煙或刷牙，因為這些都會破壞味覺。我相信要享受優質的橄欖油，就必須先讓油滿佈整個口腔，然後閉起嘴巴並吸氣。如此便能充分感受其新鮮與果香。

依據《The Essential Olive Oil Companion》一書作者 Anne Dolamore 的說法，橄欖油的風味差異往往很難以言語形容，因此國際橄欖油理事會便擬定了一系列通用的基本詞彙，好讓專業品油師們使用，藉此建立初榨橄欖油的感官評價標準。

## 由國際橄欖油理事會所制訂的橄欖油等級

### 特級初榨橄欖油（Extra virgin olive oil）
這是味道與香氣都絕對完美的初榨橄欖油，在酸度方面，每 100 公克的油最多不能包含超過 1 克的酸，或者更簡單地說，就是酸度要小於 1%。

### 初榨橄欖油（Virgin oil）
這也是味道與香氣都很完美的初榨橄欖油，但在酸度方面，每 100 公克的油最多不能包含超過 1.5 克的酸，也就是酸度必須小於 1.5%。

### 初榨橄欖燈油（Virgin olive oil lampante 或 lamp oil）
這是沒什麼味道也沒什麼香氣的初榨橄欖油，在酸度方面，每 100 克中的酸超過 3.3 克，也就是酸度超過 3%。這個等級的橄欖油需要進一步精製，或是用於工業用途。

### 橄欖油（Olive oil）
我在烹調時多半使用這個等級的橄欖油。這是由初榨橄欖油精緻而成的油。

### 橄欖果渣油（Olive residue oil）
這是以溶劑處理橄欖殘渣而得之未精製油，需經過進一步精煉才能食用。

## 橄欖油的主要成分
單元不飽和脂肪酸（油酸）56 ～ 83%
飽和脂肪酸 8 ～ 23.5%
多元不飽和脂肪酸（亞油酸）3.5 ～ 20%
硬脂酸 0.5 ～ 5%
多元不飽和脂肪酸（亞麻酸）0 ～ 1.5%
注意：橄欖油還含有少量的維生素 E 與維生素 A（胡蘿蔔素）

## 由國際橄欖油理事會所制訂的油品詞彙

- 杏仁味（Almond）
——此味道分成兩種：新鮮杏仁味與酸苦杏仁味
- 蘋果味（Apple）
- 苦味（Bitter）
- 苦綠葉味（Bitter green leaves）
- 鹽鹵味（Brine）
- 焦味（Burned）
- 黃瓜味（Cucumber）
- 土香味（Earthy/muddy）
- 平淡（Flat）
- 果味（Fruity）
- 青草味（Grass）
- 澀口（Harsh）
- 乾草味（Hay）
- 金屬味（Metallic）
- 霉味（Musty）
- 老舊味（Old）
- 酸臭味（Rancid）
- 粗糙感（Rough）
- 甜味（Sweet）
- 葡萄酒醋味（Winey-Vinegary）

我建議你發展出屬於自己的風味、味道詞彙集，畢竟每個人都不同，我們所感受到的特性很可能會不一樣。

另外，橄欖的品種非常多，以下僅列出較常見的幾種：

- 曼薩尼亞
  （Manzanilla）
- 尼斯（Niçoise）
- 卡拉馬塔
  （Kalamata）
- 阿爾貝吉納
  （Arbequina）

- 戈達爾（Gordal）
- 密謝恩（Mission）
- 盧加諾（Lugano）
- 霍希布蘭卡
  （Hojiblanca）
- 皇家（Royal）
- 皮肖利（Picholine）

- 切拉索拉
  （Cerasuola）
- 諾切納拉
  （Nocellara）
- 比安科里拉
  （Biancolilla）

## 食用橄欖

為了找出最優質的橄欖油，我們不能忘記橄欖這種水果在還完整時本身所提供的豐富滋味。食用橄欖有各式各樣的美味——綠的與黑的；軟的和硬的；大顆飽滿的；去籽的；塞了甜椒、杏仁、魚、酸豆或大蒜的；鹽漬的與油漬的；還有希臘式的香味橄欖或碎橄欖——變化之多，無窮無盡。

光是試吃一輪地中海地區的各式調味橄欖，便能讓旅客享受到精緻的多重感官體驗。橄欖剛在樹上成形時是不含油脂的，它們只是有機酸和糖分的混合物。但藉著大自然的神奇力量，橄欖會在成熟的過程中逐漸轉變。隨著橄欖從淺綠色經過玫瑰色，再變成紫色、黑色，一種名為脂肪生成（lipogenesis）的化學作用會慢慢將酸和糖轉化為油。在這過程中的任何階段都可以採摘橄欖，而採摘時橄欖的成熟度決定了其味道。

你可以明顯感覺到綠色和黑色橄欖的味道差異，而你可能會偏好其中一種。綠橄欖幾乎不含什麼油，由於尚未成熟所以果肉緊實且味道強烈。黑橄欖則充滿油脂，因成熟而果肉柔軟，味道圓潤甜美。未成熟的綠橄欖必需先經過處理，去除苦澀的葡萄糖苷後才可食用。廠商會先以蘇打溶液浸泡橄欖，接著用清水徹底沖洗乾淨後，再以鹽水浸漬並包裝販售。而在此處理過程中不能讓橄欖接觸到空氣，以免它們因氧化而變色。不過數百年來，橄欖種植者其實都只以清水連續清洗橄欖 10 天，然後就用鹽水浸漬，而且通常還會在鹽水裡混入香草植物、檸檬或其他帶有香氣的食材。每個地區、每家每戶所混入的香草植物組合都不太一樣，有許多秘密配方甚至已流傳了好幾世代呢。

相較之下黑橄欖的處理就簡單多了，由於已完全成熟，故只需清洗後以鹽水或是鹽巴醃漬即可。

雖然絕大部分的消費者都不需要自行處理新鮮摘下的橄欖，但你仍可購買已去籽或完整的綠色、黑色橄欖，散裝或鹽漬包裝的，然後自行以各種方式加以調味、保存。而若你有機會取得新鮮橄欖，那麼只要把橄欖泡在冷水中，然後記得每天換水，持續 10 天。接著把 500 公克／ 1 磅又 2 盎司的鹽巴泡成鹽水來醃漬 5 公斤／ 11 磅的橄欖。你可利用雞蛋來檢查鹽水的濃度是否正確，若雞蛋會浮起來就沒問題。讓橄欖泡在鹽水中 3 ～ 4 週後便可食用。

# 油的評比

# 義大利的特級初榨橄欖油

## Colonna：莫利塞（Molise），義大利

Colonna 的 Bosco Pontoni 莊園位於莫利塞，就在與羅馬相反側的亞得里亞海海岸鮮為人知的區域。Marina Colonna 的父親 Francesco 王子（其祖先包括聲名狼藉的戰士與馬丁五世）在此種植了許多不同品種的橄欖，有些是本地品種，有些則是從其他地區引進的。在她父親過世後，Marina 便接手其橄欖油生產事業。Marina 遺傳了他父親對於種出好橄欖的滿腔熱情，特地請來 Perugia 大學知名農學家 Fontanazza 教授協助。而這些年來，她的橄欖油已成功獲得無數獎項。

Colonna 的莊園橄欖油具有明顯的美好香氣，以及酸模和剛割下青草的強烈、清新氣味，在口中與香草葉柄的木質風味交融在一起。它有著討喜的乳脂感，配上榛果皮的苦澀味，還有熱情強烈的辛辣後味。

其有機橄欖油的風味比莊園橄欖油再稍微強烈一些，帶有些許迷人的苦甜巧克力味，以及未成熟香蕉皮和生朝鮮薊的氣味。接著會發展成複雜的柳橙襯皮（外皮和果肉之間較軟的白皮）苦澀味，再加上一些木質香草元素與漫長而強烈的辣椒粉後味。

莫利塞橄欖油是以該區經認證過的傳統品種（Leccino 和 Gentile di Larino）所製造，如日曬迷迭香般的美好香氣從其瓶口溢出，緊接著是成熟油桃與溫暖乾草的氣息。其甜蜜的草本風味由木質苦味妥善平衡，接著以更甜的香草與沙拉葉為餘韻，最後則以紅辣椒味收尾。

## Badia a Coltibuono：托斯卡尼（Tuscany），義大利

Cultus Boni 家用橄欖油屬於混合橄欖油，是以此莊園和鄰近橄欖園所生產的橄欖製成。此橄欖油具備典型的托斯卡尼風格，帶有芝麻菜、酸模和少許薄荷香氣，最後再由細緻的辣味均衡收尾。

Campo Corto 橄欖園位於海拔高度 450 米／1300 英呎的原始巴迪亞（Badia）森林中，自 1999 年以來一直都採取有機栽培方式。這兒栽種的是托斯卡尼傳統的 Frantoio 品種，這些橄欖都是當天採摘當天就榨成色澤翠綠且香氣濃郁的橄欖油。除了有青草味外，這裡的橄欖油還帶著些許朝鮮薊及香草植物的味道，而苦杏仁與辛辣的後味都屬於經典的托斯卡尼風格。它們都是未經過濾而且有機的。

另外 Albareto 橄欖園亦屬於此莊園，種植了 Frantoio、Moraiolo、Leccino 和 Pendolino 等品種。以這些品種做出的橄欖油具有強烈草本香氣，及少許蘆筍與香草、綠色植物的味道，還有辛辣的後味。然而其產量非常有限，以 2010 年為例，每棵橄欖樹只產出不到半公升／夸脫的油。即使豐收，生產者也不指望園內的 7000 棵橄欖樹能達到平均每棵超過 1 公升／夸脫的產量。

## Frescobaldi：托斯卡尼（Tuscany），義大利

佛羅倫斯的銀行家興起於中世紀，Frescobaldi 家族則在 13 世紀末掌控了英國宮廷的財務，並且出借巨額資金給愛德華一世和愛德華二世。然而換了國王之後，他們被趕出英國，於是 Frescobaldi 家族便強行徵用國王的法國葡萄酒貨運，藉此封鎖英國宮廷的葡萄酒供應以做為報復，這讓英國宮廷一直到隔年葡萄收成前都呈現葡萄酒嚴重短缺的狀態。雖然歷史並無明確記載他們是否供應橄欖油給英國宮廷，但在當時他們肯定也是橄欖油生產者。

在 1985 年托斯卡尼發生了嚴重的寒害之後，有一群橄欖油生產者一同設立了一個行銷團隊，以 Laudemio 為名，做為原產地和品質的保證。而 Frescobaldi 家族是 Laudemio 的催生者之一，其油品首先在佛羅倫斯推出，接著在英國辦了兩場活動，一場在 River Café，另一場則在義大利大使館。

Frescobaldi 家族的製油廠位於 Camperiti，從他們美麗的 Castello di Nipozzano 古堡沿路往下走便可到達，他們就在這兒榨橄欖油，而所用的橄欖品種包括了 Frantoio（70%）、Moraiolo（20%）和 Leccino（10%）。他們的橄欖是以手工採摘，然後送到家族的製油廠去壓榨，而榨出來的油有部分儲存於上了釉的赤陶瓶中，其餘則儲存在不鏽鋼槽裡。這些橄欖油最後會裝箱，以避免光線照射。

一向出色的 Frescobaldi Laudemio 橄欖油極為平衡，有著剛割下的青草、未成熟的香蕉及少許苦黑巧克力的美味香氣。它超級滑順，帶點苦澀葉片與青蘋果皮的風味，接著轉變為溫暖的胡椒辛香，餘韻悠長。

## Ravida：西西里島（Sicily），義大利

一開瓶，Ravida 橄欖油的招牌香氣便躍出瓶口，帶著濃郁的新鮮草本、綠蕃茄和酸模氣味。而進入口腔後，還會產生更多綠蕃茄與青草，以及少許碎木質香草的味道。接著突然爆出強烈的辛辣味，但不至於蓋過所有味道。

此莊園的有機橄欖油味道較嗆且清新而苦澀，帶有強烈的酸模和生朝鮮薊味，另外還夾雜著少許尤加利樹的氣息。這屬於重口味的橄欖油，強勁的辛辣後味會在吞嚥後持續存留於口中好一段時間。

此種「日常用」橄欖油是由 Natalia Ravida 所混合調製，目的是要提供消費者一個便宜又多功能的油品，既可烹調，也能用來製作風味獨特的醬汁。這款橄欖油芳香且果味足，同時帶點溫和的苦味，而後味則有芝麻菜的辛辣感，但有成熟的蕃茄味予以緩和。

其家族農場 La Gurra 原本佔地極廣，涵蓋西西里島西南部之門菲（Menfi）小鎮西邊的一大片區域。這些年來，雖然部分土地已被瓜分變賣，但仍種植了相當大面積的橄欖樹、葡萄樹和檸檬樹，還有生長著西西里的美麗野生植物——滿是香草植物與古代野生橄欖樹的開放空間。

他們現代化的製油廠就位在這 La Gurra，由 Natalia 的父親所設立，而舊的石造製油廠亦座落於此。舊工廠已不再使用，其存在僅是為了紀念 Natalia 的祖父，她祖父花費大把時間在舊農舍中辛勤工作，不像 Natalia 的父母是住在門菲市中心的美麗豪宅裡。

## Viola：溫布利亞（Umbria），義大利

此認證有機橄欖油以 Moraiolo 橄欖為主要原料，另外再混入一些 Frantoio 和 Lecchino 橄欖。它有強烈的草本植物氣味，以及剛割下的濃郁青草味與生朝鮮薊味道。西洋菜的風味提供了令人愉悅的苦澀，最後再以辣椒般的勁道平衡收尾。這是一款能活化菜餚的重口味橄欖油，很適合用於豆子湯或酪梨沙拉等菜色。

從 Viola 家族於 1917 年建立自家製油廠開始至今，其橄欖油生意已傳承了四個世代。位在義大利美麗的溫布利亞地區，座落於阿西西 - 斯波萊托（Assisi-Spoleto）丘陵岩石地形中的 Viola 農場，目前由能幹的 Marco Viola 負責經營。他們不僅生產優質橄欖油，也種植各式各樣的豆類與穀物。Viola 家族堅守有機農耕原則，同時致力於維持傳統農法，但會在必要時輔以最新的機具設備。每年，同一組採摘團隊（雖然其中很多人都已步入老年）會集合至橄欖園用手工方式採收橄欖，以免碰傷橄欖果實。

Marco 所擁有的 2 萬 1000 棵橄欖樹共生產 4 種橄欖油。這些橄欖油一向品質出眾，我們常常都收到電子郵件通知，說明該家族最近又獲得了哪些獎項。而他們至今為止曾獲得的最高殊榮應是由 Flos Olei（目前最受尊崇的橄欖油年度指南）所頒發的著名大獎——「2012 年最佳製油廠」獎。

## Racalia：西西里島（Sicily），義大利

Racalia 莊園包圍著英厄姆山莊（Villa Ingham），而該莊園自 1840 年起便一直為 Ingham 這個英國家族所有。Racalia 莊園位於西西里島西部，在瑪薩拉（Marsala）與特拉帕尼（Trapani）之間的面西山坡上。井然有序的林園俯瞰著地中海，望向史丹紐尼（Stagnone）與埃加迪（Egadi）島。而其優秀的橄欖園以及柳橙與檸檬園，已使之成為高品質橄欖油與柑橘水果的著名生產者。

橄欖園的部分隸屬於該家族，也由該家族直接經營管理。製造 Racalia 橄欖油所用的每顆橄欖都收成自 Racalia 莊園，絕不含摻雜任何其他地方的橄欖。在收穫期間，他們會於每天傍晚將白天所採摘下來的好幾噸橄欖送至由屢獲殊榮之有機橄欖油生產商—— Titone 家族所經營的橄欖榨油廠去。

依據歐盟現在的規定，Racalia 橄欖油可分成幾種不同等級。品質最好的橄欖會用於生產特級初榨橄欖油，而 Racalia 的特級初榨橄欖油是以西西里島原生的切拉索拉（Cerasuola）、諾切納拉（Nocellara）和比安科里拉（Biancolilla）橄欖仔細調配混合而成。此外橄欖油的生產有個關鍵因素，那就是榨油時是否採取「冷壓」方式。橄欖油必需在低於 28℃（82°F）的狀態下萃取，才能算是「冷壓」。Racalia 橄欖油正是在低於該溫度的狀態下壓榨，因此所生產的橄欖油量少但品質高。

# 法國的特級初榨橄欖油

### Alziari：尼斯（Nice），法國

這種溫和而細膩的橄欖油是以當地原生、小顆粒、呈褐紅色的 Cailletier 橄欖所製成。不過為了提供讀者們最完整的資訊，我必須告訴各位，我們認為該生產商有另外購買一些油混入其中。Alziari 橄欖油很適合用來烹調或是製作美乃滋，質地濃厚柔滑，帶有淡淡的成熟酪梨與香蕉風味，最後則以少許綿密的杏仁味收尾。即使它並非完全以尼斯（Niçoise）橄欖製成，但確實呈現尼斯風格。

身為主廚，同時也為《Financial Times》的美食專欄執筆的 Rowley Leigh 曾經針對已故的前尼斯（Nice）市市長 Jacques Medecin 做出評論：「自從 Jacques Medecin 所寫的《Cuisine Niçoise: Recipes from a Mediterranean Kitchen》一書於 1983 年發行英文譯本後，一切都改變了。撇開 Medecin 是尼斯有名的種族主義市長，且是因貪污罪的受審而從南美被引渡過來的部分，此書和其作者完全不同，它可是個令人欣喜的存在…不論 Medecin 過去有多麼邪惡，都沒有人會懷疑他的廚藝。」那到底 Medecin 和 Alziari 有何關聯？關聯就在於上述 Medecin 的著作的封面上，畫了一罐 Alziari 橄欖油。

# 希臘的特級初榨橄欖油

### Odysea Iliada：卡拉馬塔（Kalamata），希臘

此橄欖油生產於希臘南部伯羅奔尼撒（Peloponnese）半島的卡拉馬塔（Kalamata）地區，以 Koroneiki 橄欖製成。這種橄欖呈草綠色，風味濃郁而複雜，所做成的超值橄欖油極為實用，可用於烹調也可做成沙拉醬，尤其適合製作以巴薩米克醋和黃芥末做為乳化劑的沙拉醬。它帶有百香果及芒果等熱帶水果的氣味，同時摻雜了一些可維持清新感的香草植物味，另外還有很不錯的辛辣後味。這款油在 1997 年獲得 POD（Protected Designation of Origin，受保護原產地名）認證，代表其橄欖確實栽種且壓榨於卡拉馬塔（Kalamata）地區。

Odysea 始於倫敦西區波托貝洛路市場（Portobello Road Market）的一個攤位，當時就只賣希臘橄欖油而已。隨著該攤位的人氣漸增，攤子的老闆 Panos Manuelides 發現高品質希臘農產品在英國的市場逐漸擴大。於是他的生意越做越大，現在所進口的希臘產品可謂琳瑯滿目，數量眾多。而 Odysea Iliada 橄欖油品質佳又划算，填補了日常烹調用油與某些較獨特的單一莊園瓶裝油之間難以跨越的巨大缺口。

# 西班牙的特級初榨橄欖油

### Marqués de Valdueza：埃斯特雷馬杜拉（Extremadura），西班牙

西班牙西部埃斯特雷馬杜拉地區的 Valdueza 莊園所生產的第一名橄欖油，是以阿爾貝吉納（Arbequina）、Picual、霍希布蘭卡（Hojiblanca）和 Marisca 橄欖混合製造而成。它香氣迷人，帶有芒果、木瓜味及一些蕃茄葉的深層氣息。在口中呈現如奶油般的美好質地，散發甜榛果風味，還有漂亮的核桃皮苦味予以平衡。這款橄欖油用途廣泛，特別適合搭配魚肉料理或新鮮蔬菜。

而包裝罐的設計極美，甚至曾經因此獲獎的 Merula，則是該莊園第二名的橄欖油。入口後，原本的橘子、蘋果皮和成熟蕃茄的氣息逐漸轉為柔滑的堅果味，接著是更多的成熟蕃茄與新鮮羅美生菜味。最後 Valdueza 莊園還有一款 Almazara Perales 橄欖油，這是一款超棒的烹調用油，但仍具有足夠風味可做為清淡的醬料使用。

### Can Martina：伊維薩島（Ibiza），西班牙

在這個小型的橄欖園裡，所有橄欖都是以手工方式採摘，並於兩小時內壓榨。這使得萃取出的橄欖油具有行家們鍾愛的強烈風味，而且富含抗氧化劑、酸度低又無膽固醇。他們目前每年僅能產出約 2000 公升／2100 夸脫的橄欖油，不過隨著橄欖樹越長越大，其產量也會逐漸提升。

# 新世界的特級初榨橄欖油

## Morgenster：西薩默塞特（Somerset West），南非

位於南非西開普（Western Cape）地區的 Morgenster 莊園依偎在豪爾德伯格山的山麓，除了葡萄園與橄欖樹苗圃外，原為布商的 Giulio Bertrand 還在此種植義大利品種的橄欖，並且成功製作出享譽國際的優質橄欖油。從 2010 年起，他們的橄欖油便持續在備受尊崇的 Flos Olei 橄欖油年度指南中獲得 97 分的好成績，於是理所當然地被公認為是全世界最好的橄欖油之一。始終走在技術尖端的 Bertrand 已與義大利的橄欖油研究所（Olive Oil Research Institute）建立長期合作關係，持續從該研究所導入全球最新的橄欖樹栽培品種及生產技術。

其橄欖油清新且富草香，還帶著核桃皮與成熟蕃茄的氣味。入口後有沙拉葉混合輕柔堅果的風味，接著一股辛辣的芝麻菜味襲擊喉嚨後部，最後則浮現苦澀的葉子味。

## The Village Press：豪克斯灣（Hawke's Bay），紐西蘭

其橄欖園座落於豪克斯灣的眾多葡萄園之間，這些結滿果實的樹林與富饒的農地離 The Village Press 的橄欖壓榨工廠相當近。充足的降雨和良好的排水形成了理想的橄欖生長環境，使得分佈於 45 公頃／ 110 英畝土地上的 3 萬棵橄欖樹在豪克斯灣的陽光下生長得欣欣向榮。他們的橄欖油都來自單一品種橄欖樹的果實（Barnea、Manzanillo、Picual、Frantoio、Leccino），未經過濾，因此保留了完整的風味與營養價值，而且沒有任何添加物。

其中 Frantoio 橄欖油的風味複雜、均衡而強烈，帶有新鮮草本、綠橄欖與甜美水果的香氣。它能製作成出色的羅勒或香菜青醬，可將獨特的草本風味提升至另一層次。這種橄欖油濃厚且具巧克力感，故很適合搭配天然酵母麵包或是新鮮的弗卡夏。

而他們的 Manzanillo 橄欖油風味強勁鮮明，宛如橄欖油界的夏多內（Chardonnay，一種白葡萄酒）。它以冷壓方式製成，帶有新鮮的草本植物氣息，味道十分均衡，口感輕盈而辛辣。這款新世界橄欖油可是我家廚房堅定不移的最愛油品呢。

## ENZO 橄欖油公司：加州，美國

Ricchiuti 家族已在美國加州努力經營了百年之久。Vincenzo Ricchiuti 於 1914 年為其家族種下第一畝田，而當時種的是葡萄和無花果。多年來，他們逐漸建立出好名聲，種出越來越多美味的柑橘類水果、桃子、李子、杏桃、油桃、葡萄及杏仁等，但一直到 2008 年，Vicenzo 的孫子 Patrick 和他的曾孫 Vincent 才開始進入橄欖油市場。2011 年，他們採收了第一批有機橄欖，做出了 ENZO 有機特級初榨橄欖油。其中的「精緻（Delicate）」（還有「中級（Medium）」和「豪邁（Bold）」等油款）100% 莊園種植橄欖油帶有少許燦爛的乾草和焦黃吐司香氣，接著再轉變為溫和的微辣後味。

依據《紐約時報》的報導，實際上由 16 世紀的西班牙傳教士所啟動的加州橄欖油產業，幾乎已於 10 年前消失殆盡，只剩下少數小規模的生產者。然而今日狀況已有所改變，此一年輕品牌的成功確實是個充滿希望的徵兆，讓人撇見加州橄欖油的光明未來。

## Olio Santo：加州，美國

過去 18 年來，一直在納帕谷（Napa Valley）卡內羅斯（Carneros）的 Talcott Ranch 農場持續生產的 Olio Santo 橄欖油，是加州最老牌的橄欖油之一。古時候的 olio santo（義大利文的「聖油」）是以收成時精選出來的最佳橄欖製成，且會保留給宗教儀式使用。因此取了 Olio Santo 這種名字的特級初榨橄欖油可不能辜負其名，而實際上它也真的不負眾望就是了。它的口感厚重，具有濃烈的早摘風味，已贏得許多忠實粉絲，其中也包括美國作家同時亦是美食頻道節目「Barefoot Contessa（赤腳女爵）」的艾美獎最佳主持人得主 Ina Garten。她甚至將 Olio Santo 橄欖油列為家家必備的七大主要食材之一。此橄欖油適合各種用途，從做沙拉醬到煎炒都行，而且不會蓋過其他食材的細膩風味。

Olio Santo 所用的橄欖選自托斯卡尼的單一品種，能夠在卡內羅斯那種晝熱夜寒的氣候中茂盛生長，而這樣的 Olio Santo 橄欖油在美國知名食品店 Williams-Sonoma 持續蟬連最暢銷橄欖油的冠軍寶座已有近 20 年時間。這是個屢獲殊榮的絕妙組合，結合了舊世界的品種與令人驚艷的新世界環境。

# 加味特級初榨橄欖油

### Lunaio 羅勒風味特級初榨橄欖油，托斯卡尼，義大利

這是一種有機的、以石磨碾製的羅勒橄欖油，精緻且色澤華美。其風味意外地清爽，正因為味道不過強，所以用途極為廣泛。此油由托斯卡尼的一個備受敬重的生產者所生產，為沙拉必不可少的夥伴，更是麵包的完美搭檔。

### Il Boschetto 迷迭香風味特級初榨橄欖油，馬雷瑪（Maremma），托斯卡尼

此油生產於托斯卡尼的馬雷瑪地區，帶著華麗的迷迭香氣味。僅需 1% 的迷迭香，便足以呈現被陽光強化的風味。它和羊肉是天生一對，味道均衡，以優質橄欖油為基底。而搭配好麵包品嚐亦可展現其美妙滋味。

### DOS Tartufi：溫布利亞（Umbria），義大利

Emanuele Musini 開發出了一種不必把松露或牛肝菌浸入油中（會有肉毒桿菌中毒的風險），也不必利用化學物質來假造香氣，但卻能將這類蕈菇的天然香氣融入橄欖油的方法。他不願詳述實際做法，不過做出來的結果確實很棒。你再也不必忍受以往松露油所帶有的淡淡汽油味。這款油除了可用於蘑菇燉飯外，也可用在雞肉冷盤、滴幾滴至新鮮的美乃滋或馬鈴薯泥裡──用途很廣。

### Nudo 西西里辣椒特級初榨橄欖油，馬爾凱（Marche），義大利

南部地區的辣椒肯定風味較為鮮明，而這款油的品質又格外優秀。它產自義大利東北部馬爾凱地區的一個小農場，加入辣椒是為了增添辣度與風味。辣椒需浸入油裡三週左右才能製造出溫和的辣味。這款油適用於各式各樣的義大利麵食、披薩、紅肉與雞蛋料裡。由於是小規模生產，故其品質精緻且風味均衡。

# 自製香草油

香草油製作起來非常容易，而且不僅漂亮、香氣四溢，味道更是美妙。你可嘗試使用各種不同的香草植物，但只能用葉子部分。以羅勒、迷迭香、龍蒿、百里香，當然還有針對美容用途的薰衣草等製成的香草油尤其理想。此外請儘可能在夏天製作香草油，因為香草植物的芳香油質需要有強烈的陽光才能與橄欖油充分混合。

先以研缽或果汁機、食物處理機等搗碎、打碎香草，再將 2 湯匙的碎香草放入 300 毫升／ 10 盎司的瓶子中，並倒入橄欖油，但只要灌滿四分之三瓶就好。接著加入 1 湯匙的葡萄酒醋，然後以軟木塞塞緊瓶口。

把整瓶油放在可接收到炎熱陽光的地方，放個兩到三週，且記得每天要搖晃幾下。最後將油倒出，濾掉碎香草並把香草中的油全數擠出。重覆這樣的程序（使用新鮮現摘的香草），直到油的風味夠強烈為止。完成後的香草油只要滴一點在手背上，就能聞到明顯的香草氣味。

若無充足的陽光能帶出香草風味，那麼可每天把整瓶油（當然要用軟木塞塞緊）放進雙層鍋，以略低於沸點的溫度「煮」幾個小時。這樣持續處理七、八天，該油應該就能獲得足夠的風味了。

而完成後還可放進一小枝乾的香草做為裝飾喔。

# 橄欖油與健康

幾個世紀以來，橄欖油的營養、美容及藥用價值已被地中海的人們所認可。例如聖經中知名的寓言故事便充分證實了其療效，該故事裡的好撒馬利亞人在照顧被搶劫的男子時，就是把橄欖油和葡萄酒倒在他的傷口上。

在希臘與羅馬時代，人們用橄欖油搓柔身體以清潔皮膚，然後再用一種叫做 strigil 的弧形木製或青銅製片狀工具刮除橄欖油。在今日的大英博物館裡便有個很好的實例——那是一個附了兩個 strigil 的橄欖油青銅壺，由當時的希臘運動員所使用。橄欖油也用於維持皮膚和肌肉的柔軟、治療擦傷，以及舒緩風吹日曬造成的曬傷及乾燥問題。尤其女性會利用橄欖油來讓皮膚和頭髮更具光澤。因此混合了香料或香草的橄欖油在健康與美容方面都可謂內外兼用。

Pliny 與 Hippocrates（古羅馬學者與古希臘名醫）針對牙齦發炎、失眠、噁心反胃…等多種小毛病所開的藥方都包含橄欖油與橄欖葉。這些治療方法很多都已流傳為民間偏方，而且依舊適用，就和幾百年前一樣。

最近的研究已找到確實證據，證實包含橄欖油的地中海風格飲食不僅能維持人的整體健康，還能夠降低膽固醇。

戰後不斷增加的心臟疾病是個警訊，代表當今工業化的生活方式裡存在有某些問題。這促使美國心臟協會開始研究現代飲食、吸煙、肥胖以及高血壓等主題。他們發現在希臘，尤其是克里特島，因心血管疾病而死亡的比率為全球最低——芬蘭和美國則最高。而依據研究，這些國家的人民之間的唯一變數就是攝入的油脂類型。在心血管疾病發生率最高的幾個國家中，人們最常食用的是飽和脂肪，而這類脂肪會增加膽固醇含量。單元不飽和脂肪酸則不含膽固醇。在過去 20 年間，由國際橄欖油理事會所推動的許多醫學會議都已研究過脂肪在人類飲食中的作用，而這些研究揭露了橄欖油在維持健康方面所扮演的重要角色。

脂肪或油脂對於均衡的飲食而言極為重要。依據其碳分子之間是以單鍵還是雙鍵連結，這些油可分為飽和與不飽和兩大類。以一個雙鍵連結的脂肪酸被稱為單元不飽和脂肪酸，而以多個雙鍵連結的脂肪酸則稱為多元不飽和脂肪酸。橄欖油與其他植物油都包含不飽和脂肪酸，像是油酸及亞油酸。實際上橄欖油包含 80% 的油酸，這讓它在單元不飽和脂肪酸的油品中名列前茅。而主要的兩種多元不飽和脂肪酸是亞油酸和亞麻酸，葵花油與玉米油中便含有大量的這類脂肪酸。至於飽和脂肪酸，則主要存在於如牛油和豬油等動物性脂肪裡。

長久以來，一般都建議以低脂飲食來降低膽固醇，而這代表了要減少動物性脂肪的攝取，並改用植物油形式的多元不飽和脂肪。

過去幾年，基於均衡攝取脂肪的理由，多元不飽和脂肪受到大力推廣，但在 1986 年，單元不飽和脂肪酸的研究結果揭露了一些令人驚訝的、關於膽固醇的事實。膽固醇有兩種，一種是低密度的，一種是高密度的。低密度脂蛋白（Low-Density Lipoproteins，LDL）負責在組織和動脈中運輸及儲存膽固醇。而隨著人體所攝取的飽和脂肪酸越多，LDL 便會隨之增加，這是有害的，因為它會儲存更多的膽固醇。高密度脂蛋白（High-Density Lipoproteins，HDL）則會排除細胞中的膽固醇，將之帶到肝臟，然後膽固醇會經由膽管排出。多元不飽和脂肪酸會同時減少 LDL 和 HDL，但單元不飽和脂肪酸卻會減少 LDL，並增加 HDL。而 HDL 的增加不僅能避免膽固醇沉積，還能確實減少人體中的膽固醇含量。

上述這些都獲得了西班牙和美國許多研究的支持。志願參與實驗的人採取只用橄欖油的飲食方式，然後與只用葵花油的對照組相互比較。而研究結果顯示，只用橄欖油者的 HDL 明顯增加。看來以橄欖油為單元不飽和脂肪酸的主要來源，肯定是使用油脂的最佳形式。

在健康方面，橄欖油可不只是對心臟好而已，多年來人們還研究了很多有關橄欖油對人體的其他正面效益。橄欖油不論加不加熱，都已證實可減低胃酸，而其軟化效果更可避免潰瘍並幫助食物通過腸道。換句話說，就是它有助於避免便秘。另外它還會刺激膽汁分泌、促使膽囊收縮，可降低膽結石的風險。

由於橄欖油含有維他命 E 與母乳中也有的油酸，有助於骨骼的正常生長，再加上能於出生前後促進嬰兒大腦與神經系統的發育，所以最適合孕婦與哺乳中的婦女。

最後還有，橄欖油甚至還能夠避免大腦功能隨年齡損耗，也能避免一般組織與器官老化呢。

如此多的證據已足以證實，不論對什麼年齡、什麼生活型態的人來說，在所有的油脂之中，橄欖油都是非常有益的。

# 民俗偏方

**讓頭髮有光澤**：洗完頭後，為頭髮抹上由橄欖油、蛋黃、一顆檸檬的汁和少許啤酒組成的混合液。等 5 分鐘後再洗掉。

**去除頭皮屑**：為頭髮塗抹橄欖油和古龍水的混合液，然後洗掉。

**緩解皮膚乾燥問題**：用酪梨和橄欖油敷臉，等 10 分鐘後再洗掉。

**減少皺紋**：睡前為皮膚塗上以橄欖油和一顆檸檬的汁做成的混合液。

**柔化肌膚**：混合等量的橄欖油與鹽巴，塗抹於皮膚並按摩，然後洗掉。

**解決指甲易碎裂的問題**：將指甲泡在溫熱的橄欖油裡 5 分鐘，然後為指甲塗上白色碘酒。

**消除足部疲勞**：用橄欖油按摩。

**消除肌肉痠痛**：混合橄欖油與迷迭香來按摩。

**除去痘痘、粉刺**：混合 250 毫升／1 杯橄欖油和 10 滴薰衣草油，然後塗抹患部。

**減低酒精的效果**：於喝酒前先喝兩匙橄欖油。

**減緩高血壓問題**：用 250 毫升／1 杯的水煮 24 片橄欖葉 15 分鐘。早晚各喝一次，持續兩週。

# 醋

—

*Vinegars*

**本頁** 秋天的 LEVIZZANO 城堡。此城堡座落於義大利的卡斯泰爾韋特羅迪莫德納（CASTELVETRO DI MODENA），是莫德納地區最著名的地標之一。你可能曾在巴薩米克醋的瓶身上看見莫德納（MODENA）這個名字，這是巴薩米克醋唯一的 PGI（PROTECTED GEOGRAPHICAL INDICATION，受保護地理性標示）認證產地（請參考第 57 頁）。

# 關於醋

英文的醋（vinegar）這個字源自法文的「vin aig-re」，是「酸葡萄酒」的意思。但今日，各式各樣的酒都可做為醋的基礎原料，不只有葡萄酒而已。任何酒精濃度低於 18% 左右的酒，若是暴露於空氣中，便會酸掉。這是因為細菌會攻擊酒精並使之氧化成醋酸。細菌需要氧氣，所以會生長在液體表面並且聚集成一層薄膜，而這層薄膜被稱為「醋膜」或「醋母」。

醋是用於烹調最古老的食材之一，數千年前在人們還沒聽過檸檬汁這種東西之前，歐洲人就已開始使用醋了。醋一般包含 4～6% 的醋酸，但可透過蒸餾的方式提高其濃度，像「醋精」的醋酸濃度便可高達約 14%。醋通常是由葡萄酒、麥酒（麥芽醋）或蘋果酒（蘋果醋）酸化而成，但其實各地都有多種以梨子酒、蜂蜜酒、米酒、葡萄酒和以醋栗到腰果蘋果等各種果實釀成的水果酒所製成的醋。

葡萄酒醋大多生產於像法國、西班牙和義大利等大量生產葡萄酒的國家，不過以葡萄酒製造並不表示它就一定會是好醋。葡萄酒醋有可能是以不太能喝的葡萄酒製成，且可能採用快速的製醋程序，也就是用旋轉式的「噴霧器」（就像迷你版的汙水處理廠自動灑水器）將葡萄酒灑在裝滿刨花木屑（以提供較大的表面）的容器中。當葡萄酒滴在刨花上，就會被覆蓋於其上的生物猛烈攻擊，而所有葡萄酒都會因底部灌入的空氣而持續氧化。此過程會產生相當大量的熱能——整個容器會維持在 35～38℃（95～100℉），這樣的溫度高得足以趕跑任何更細緻、較易揮發的風味。

這就是為何最好的醋依舊是以傳統的奧爾良法（Orleans process）製作，奧爾良法是將葡萄酒與醋以三比二的比例混合後倒入桶中，灌入醋母，並讓桶子維持敞開，好讓空氣能進入。製作這種醋桶可避免多餘的生物增長，同時促進能製造醋的生物增生，這種生物在酸性環境中長得最好。採取奧爾良法時，有機生物會慢慢地將葡萄酒中的酒精轉化為酸，但不會變熱，也不會失去葡萄酒中的細緻風味。而每隔一段時間便要把醋抽出來，再加進更多葡萄酒。由於這是個緩慢的方法，所以做出來的醋比較昂貴，尤其是以優質葡萄酒製作的好醋。不過做為沙拉醬使用的醋本來用量就不多，故很值得特地為此找個精緻的葡萄酒醋來用。它能讓沙拉的風味變得大不相同呢。

位於北義大利的莫德納鎮生產優質的葡萄酒醋——aceto balsamico（巴薩米克醋的義大利文，即英文的 balsamic vinegar），這些醋往往陳放多年。據說要陳放 10 年後才可使用，放個 30 年更好，50 年後更棒，100 年以上風味最佳。由於它們實在是太過細緻，因此一般都只用於沙拉。

特殊的醋來自特定種類的葡萄酒，例如雪利酒醋便是以西班牙赫雷茲（Jerez）的雪利酒（Sherry）為主要原料。麥芽醋基本上就是啤酒醋（不同的是啤酒有加啤酒花），且通常都因焦糖而呈現棕褐色。麥芽醋沒有一般的葡萄酒醋那麼酸，而儘管有部分香氣可能來自細菌，但基本上發酵麥芽是不會產生美好風味的。蘋果醋在美國東北部地區一直很受歡迎，這幾年在英國也變得比較有名。它被認為是更健康的醋，且是美國少數民間偏方的基礎原料，然而有些人（也包括我本人）並不喜歡蘋果醋所帶有的蘋果汁味道。另外，白醋是透明無色的，就像水一樣（白葡萄酒醋的顏色則從無色透明到淺黃色都有），為了保持蔬菜外觀好看，人們經常使用白醋來醃製泡菜。而白醋可透過以動物碳將一般醋脫色的方式製成，或是用醋酸和水來假造。

非常酸的醋，例如醋精、烈酒醋與蒸餾醋等，多半用於保存含水量很高的蔬菜或是任何其他普通醋會被過度稀釋的情況。這些強烈的醋是透過蒸餾方式將醋濃縮，或是以水稀釋強烈的合成醋酸而成的。

# 各種類型的醋

當今的食用醋種類繁多，而到底該選哪種好，主要取決於個人喜好和用途。較不常見的水果和香草醋肯定值得一試。葡萄酒醋和巴薩米克醋則最好貨比三家，因為品質差異很大。另外若是想了解自製手工醋的做法，可參考第 58 頁。

## 巴薩米克醋（Balsamic vinegar）

深沉醇厚、酸酸甜甜的巴薩米克醋只產於義大利北部的莫德納一帶（balsamic vinegar 的 balsamic 意思是「balm」，就是指醋的滑順、令人覺得舒服的特性）。而巴薩米克醋有兩種：工業、商業化量產的，以及天然的。其中天然的巴薩米克醋依舊是以傳統方法少量生產，且至少要在木桶中陳放 15～20 年。據說有些超過百年歷史的頂級醋至今仍是其生產者的傳家寶呢。

這種醋是以葡萄汁製成，先用慢火濃縮，再放入一系列的桶子裡慢慢發酵，從大型的栗子木桶或橡木桶開始，每年逐漸移入以各種不同木材製成的較小桶子裡。

巴薩米克醋很貴，但只要一點點就很夠味。光是一、兩滴香醋加上少許特級初榨橄欖油，便能成為很棒的沙拉醬，千萬別用大蒜、香草或其他味道遮掩了其風味。這些香醇美味的醋用於調味豐富濃郁的湯品或焗烤料理時，效果往往意外的好。而且同樣也只需一、兩滴便足夠。而其產地莫德納有一道經典菜色，是將草莓切片後灑上少許巴薩米克醋，就這樣浸漬半小時左右即可享用。

## 蘋果醋

蘋果醋的做法是先將純蘋果汁發酵成蘋果酒，再暴露於空氣以酸化，從而轉變為醋酸，也就是醋。蘋果醋一般呈現為透明的淺棕色，但未經高溫殺菌的種類可能會顯得比較混濁，而其蘋果味相當強烈。若你喜歡蘋果味，那麼這種醋就適合用來做沙拉醬，不過我覺得它最適合用來醃漬水果——將洋梨與李子切片後，加入丁香與肉桂棒增添香料味，並以加了糖蜜之類深色糖分的甜化蘋果醋來醃漬。

## 水果醋

覆盆子醋、洋梨醋、黑醋栗醋、草莓醋——近幾年出現了好多好多奇特新穎的食用醋。但它們其實一點兒也不新。翻閱任何維多利亞時代甚至是更早期的烹飪書籍，你便會發現早已有覆盆子醋的食譜存在。在當時，覆盆子醋往往用於調製清涼飲料，而現在則用於製作沙拉醬及其他醬汁，尤其是利用烹調時自然流出的肉汁所製作的醬汁，例如在煎小牛肝或鴨胸肉的時候。另外在燒烤火腿、鴨肉或其他富含油脂、味道濃郁的肉類時，用覆盆子醋來製作醬料也非常棒。

把新鮮水果浸泡於葡萄酒醋中，然後再濾掉水果，這樣便能做出水果醋。若希望水果味更濃厚些，就再浸泡一批新鮮的水果至同一份醋裡，重覆同樣程序即可。

## 香草醋

利用浸泡了香草植物的紅或白葡萄酒醋，便能為沙拉醬增添細緻而獨特的風味。在所有的香草醋中，龍蒿醋或許是最受歡迎的一種，不過香草風味食用醋的變化無窮無盡，像我就曾用過羅勒醋、百里香醋、迷迭香醋和薰衣草醋來做沙拉醬和美乃滋，而且覺得很不錯。龍蒿醋特別適合用於以雞蛋或奶油為基底的醬汁，而它也確實是法式蛋黃醬（Bearnaise sauce）的主要成分之一。使用健康、無瑕疵、於最新鮮時購買或採摘的香草植物是很重要的，只要將一把新鮮香草泡在葡萄酒醋中，並將瓶子密封起來，就能做出香草醋囉。

## 麥芽醋

正如葡萄酒醋是生產葡萄酒的地方的日常食用醋、米

醋是生產米酒的地方的日常食用醋，麥芽醋也普遍用於英國和北歐等「啤酒帶」。麥芽醋是由酸化的、未加入啤酒花的啤酒所製成。天然的麥芽醋顏色較淺，通常以淡麥芽醋的狀態銷售。不過有些廠商會透過添加焦糖的方式將之增色為褐色，而這種麥芽醋有時會被稱做褐色麥芽醋（brown malt vinegar）。

就和葡萄酒醋一樣，麥芽醋也可以「加味」。添加了黑、白胡椒粒、多香果、丁香和小辣椒等香料的麥芽醋相當常見，而這些具香料風味的麥芽醋通常是做為醃漬醋來銷售，因為在英國，醃洋蔥、醃核桃，以及如 piccalilli 辣醃菜等綜合泡菜多半都是使用麥芽醋醃製。

要醃漬水分含量特別多、可能會過度稀釋醋的蔬菜時，最好使用蒸餾麥芽醋。蒸餾麥芽醋經過蒸餾濃縮，故醋酸比率高於一般的 4 ～ 6%。而蒸餾醋或白醋也可用其他穀物製成，主要亦用於醃漬，不過在蘇格蘭其用途與一般的麥芽醋是一樣的。

整體來說，麥芽醋最好只用於醃漬和製作蜜餞、蕃茄酸辣醬之類的瓶裝醬料，畢竟其麥芽風味對於調味或製作沙拉醬而言實在太過強烈。不過，誰能想像在炸魚薯條上灑葡萄酒醋呢？吃炸魚薯條一定要配麥芽醋才對味啊！

## 米醋

米醋是以酸化、發酵的米酒所製成。中國產的米醋又酸又嗆，日本產的則大不相同——溫和、香醇、圓潤，甚至帶有甘甜味。事實上，若你想用西方的醋（蘋果醋是最佳選擇）來取代日本料理中的日本米醋，那麼你會需要多加一點甜味。若是想做出道地的亞洲味，例如要替壽司的醋飯調味時，米醋就是關鍵。做日本菜時一定要用日本的米醋，做中菜時就用中國的米

醋。而幸運的是，米醋用在西式餐點裡也很美味，例如搭配優質的堅果油便能做出完美的油醋醬。

　　和其他的醋一樣，米醋有時也會做成風味醋——以醬油、出汁（日式高湯）或味醂（一種烹調用的甜米酒）為基底，加上磨碎的生薑便是生薑醋，加上柴魚片便是土佐醋，加上烘烤過的芝麻便是胡麻醋，而加上辣椒和洋蔥則是南蠻醋。另外還有人用辣根、芥菜、柚子及白蘿蔔等來替米醋加味。

## 葡萄酒醋

位於法國羅亞爾河谷的奧爾良，是葡萄酒醋的家鄉，該地至今仍遵循傳統的長時間發酵程序。任何以奧爾良法製作的醋不論產自何處，都很昂貴，不過也都品質極佳。

　　葡萄酒醋（為濃度最高的天然醋，酸度約為 6.5％）是以未添加防腐劑的葡萄酒所製成，因此不意外地，以生產特定葡萄酒聞名的地區肯定也會生產相關的食用醋。其中比較容易買到的葡萄酒醋包括了香檳醋（Champagne vinegar），它色澤淺，味道清淡而細緻；

巴薩米克醋　　　麥芽醋　　　　　　　蘋果醋　　　　　　水果醋

里奧哈酒醋（Rioja vinegar），通常是紅醋，風味濃郁、香醇且口感非常厚重；雪利酒醋（Sherry vinegar），帶有堅果味的褐色食用醋，以類似雪利酒的陳化方法熟成於木桶中，風味格外醇厚圓潤。這些醋當然特別適合用於當地菜色，不過和各式各樣的沙拉也都很對味。而其他的葡萄酒產區亦生產了不少有趣的新葡萄酒醋，例如加州便以當地的葡萄品種製作出金粉黛醋（Zinfandel vinegar）。

越貴的葡萄酒醋（像奧爾良醋（Orleans vinegar）和雪利酒醋）越適合單獨使用，而更普及、平價的紅、白酒醋就適合用來嘗試添加各種風味。

葡萄酒醋可利用水果或香草植物、蜂蜜、大蒜、紅蔥頭，辣椒、胡椒粒、丁香、肉桂、花瓣，甚至是海藻來加味。

香草醋

紅酒醋
（紅葡萄酒醋）

白酒醋
（白葡萄酒醋）

雪利酒醋

米醋

# 醋的評比

## 葡萄酒醋與雪利酒醋

### Valdueza：埃斯特雷馬杜拉（Extremadura），西班牙

混合生長於 Valdueza Estate 莊園的葡萄，這款醋是以梅洛（Merlot）、希哈（Syrah）及卡本內蘇維濃（Cabernet Sauvignon）等葡萄混製而成。就和製作它的侯爵一樣優雅脫俗，Valdueza 是酸度比例適中的清新好醋，風味雅緻瀟灑，與同一莊園所生產的橄欖油堪稱絕配。

Valdueza 侯爵 Don Alonso 和他的兒子 Fadrique 是非常認真的農場經營者，他們將其祖先現身並征服南美時的勤奮精神，反映於埃斯特雷馬杜拉的風土上。他們下定決心要把事情做好，而當他們發現有必要雇用最好的農學家來幫助他們選擇橄欖品種以及合適的種植位置時，便果斷地這麼做了。

### Valdespino 陳釀雪利酒醋：赫雷茲（Jerez），西班牙

此雪利酒醋生產於西班牙南部，安達盧西亞，赫雷茲（Jerez，即西班牙文的「Sherry」（雪利））的一個小酒窖。他們生產這款醋已有好幾世紀的歷史，實際上可回溯至 1430 年呢。

Valdespino 陳釀雪利酒醋是以索萊拉（solera）系統混合，這代表它是採取少量摻混的方式，因此成品的年份為混合、非單一的。而隨著整個生產過程延續多年，雪利酒醋的平均年份便會逐漸增加。solera 這個字在西班牙文裡指的是於此生產過程中所使用的一組桶子。在桶中發酵、陳化的這些醋能產生淡淡的甘甜味與豐富圓潤的味道，非常適合搭配紅肉與帶苦味的蔬菜。其酸度達 7%，是以栽種於赫雷茲之知名葡萄園 Macharnudo 的帕洛米諾（Palomino）葡萄釀成的雪利酒為原料。

### A L’ Olivier：巴黎與卡洛斯（Carros），法國

一開始只生產橄欖油的 A L’ Olivier，是由大肆鼓吹橄欖油之醫療與烹調用途的前藥劑師—— Monsieur Popelin 於 1822 年所建立。其原始店面從未搬遷，就在巴黎瑪萊區（Marais）的核心地帶，不過現在他們的零售點早已遍佈整個法國。自 1970 年代末起，A L’ Olivier 不再由 Popelin 家族經營，它變成了 Blanvillain 家族的事業，且吸引了一批忠實客群。多年來，A L’ Olivier 努力擴大其產品範圍，勇敢突破橄欖油的範疇，進入傳統食用醋與水果醋的生產。

高雅的 Vinaigre de Vin de Bordeaux（波爾多葡萄酒醋）酸度為 6%，風味圓潤完整，用途廣泛，可算是家家必備的一款食用醋。我很愛用它來把煎過羊肉後留下的肉汁做成醬汁。

Vinaigre de Vin de Reims（蘭斯酒醋）則比波爾多葡萄酒醋更強烈帶勁，其酸度高達 7%，香氣絕佳、風味均衡，是所有綠色蔬菜與葉菜類的完美搭檔。這種醋帶有些許令人愉悅的甘甜後味，非常適合我的一些酸甜口味菜色。

# 水果醋

## Womersley：科茨沃爾德（Cotswolds），英國

Womersley 是於 1979 年，由 Martin 與 Aline Parsons 在他們位於約克郡，沃莫斯利霍爾（Womersley Hall）的家中所開始的。Parsons 先生熱衷園藝，是他開始以種植於 Womersley 莊園內傲人花園裡的水果來製作水果醋。而今日，這生意已由 Parsons 夫婦住在科茨沃爾德的兒子接手，業務似乎是蒸蒸日上，一路走來屢屢獲獎。

盡可能使用當地水果與香草植物的 Womersley 醋是非常美妙的食材，能為鹹食增添風味，同時亦有足夠的甜味可替許多甜點加分。

你可利用黑醋栗與迷迭香（Blackcurrant & Rosemary）口味深沉且強烈的風味搭配一些蜂蜜，塗在烤鴨表面，或是在煎過雉雞肉後以該種加味醋來混合肉汁以製作醬汁。

較熱門的黃金覆盆子與阿帕奇辣椒（Golden Raspberry & Apache Chilli）口味能為扇貝增添甜甜辣辣的滋味，檸檬（Lemon）口味則與亞洲風味菜餚意外地對味，例如用在熱炒類菜色中。萊姆、黑胡椒與薰衣草（Lime, Black Pepper & Lavender）口味尤其適合搭配蝦子，而覆盆子（Raspberry）或草莓與薄荷（Strawberry & Mint）口味則能讓一杯味道普通的普羅塞克（Prosecco）氣泡酒變得精采萬分。另外你還可試著把後者用於山羊起司與核桃沙拉喔。

## Scrubby Oak Fine Foods Ltd：金斯林（King's Lynn），英國

Scrubby Oak Fine Foods Ltd 是由 Robin 與 Debbie Slade 創立於 2005 年，其宗旨在於讓英國大眾重新了解英國甜醋的美味，而在開始這門生意之前，這對夫妻早已在自家使用這種醋烹調了許多年。

Robin 和 Debbie 都熱衷於烹飪，他們的父母與祖父母教他們使用天然食材做料理，而這些天然食材多半都是自家栽種的或是於野外採集的。他們的廚房是以英國醋創作新料理及老菜新烹的實驗大本營。透過在煙燻及醃製產業所受的訓練，Robin 開發出了結合英國醋與煙燻、醃製程序的食譜，成功做出了新口味的野味與魚肉料理。

英國甜醋在維多利亞時代非常流行，人們不僅將之用於醃肉、醃魚，主要更用於在新鮮水果過季時替菜餚增添水果風味，並為沙拉及冬季蔬菜提味。另外當成清新果汁與泉水混合飲用，也是另一種廣受歡迎的用法。

要推出這種已從英國的烹飪雷達上消失了一百多年的產品，Slade 夫婦冒的險可不小。不過大家立刻就對這些醋所帶來的風味深度留下深刻印象，於是他們的生意便越做越大。

他們的水果醋具有天然的強烈風味與色澤，而且口感「豐富深厚」——這來自生產過程中所使用的醋母。此存在於自然界活生生的天然生物會分解製作特定食用醋時使用的水果、根菜或花朵等原料，以獲取生長所需之糖分，也就是會在過程中將原始食材轉變為醋。而這過程並不快，從幾個月到四年不等，主要取決於所釀造的醋的類型。

這些醋很適合用於製作各式各樣的醃料與沙拉醬，但其用途絕不僅只於此。只要加幾滴合適的醋，便能迅速完成美味的軟質起司和優格沾醬——冰鎮後風味最佳。加進燉菜或焗烤料理、搭配肉類或魚類料理，又或是用於醃漬生魚片，甚至還可用於蛋白酥和奶油蛋白餅、海綿蛋糕等，或是直接澆在雪酪、鬆餅、冰淇淋上。用途無窮無盡，你隨時都能發現新吃法。請開心地發揮創意吧！

# 巴薩米克醋

## La Vecchia Dispensa 紅標：卡斯泰爾韋特羅（Castelvetro），義大利

卡斯泰爾韋特羅的小鎮座落於從波河平原往上的第一排丘陵之中，連接著高聳的亞平寧山脈。Pelloni 家族在此經營一間位於棋盤廣場旁的美麗餐廳，Pelloni 太太負責掌廚，Pelloni 先生負責與客人聊天，其中包括從鄰近之馬拉內羅（Marinello）的法拉利工廠來用餐的高級主管們（當然也還有其他客人），另外他們的女兒 Roberta 則擔任服務生的工作。

有一天，有位名叫 Marino 的年輕、英俊滑雪教練從白雪皚皚的高山來到此餐廳，愛上了 Roberta。但這家人會接納 Marino 嗎？除非他學會製作巴薩米克醋——在後來成為他岳父的 Pelloni 先生的指導之下，他花了好幾年時間終於學會。

這家人以傳統方式製作出絕美的巴薩米克醋。他們著重細節的態度反映在其產品的超高品質以及生產時的小心謹慎——釀醋用的葡萄必須產自當地，而發酵用的桶子在該家族中已傳了好幾代。在新的、更嚴格的受保護地理性標示（PGI）規定實施前，其紅標巴薩米克醋原本叫做「8 Year Old（八年醋）」。味道豐富又複雜，且因陳化時所用的木桶而帶著一股迷人的甜味，這款巴薩米克醋的質地緻密得足以用於製作沙拉醬，亦可用於烹調。

將此香醋與 Colonna 的檸檬風味橄欖油（請參考第33頁）混合後，可用來沾麵包或是灑一些在新摘蘆筍佐削片帕馬森起司上。另外它也很適合做為搭配燒烤肉類料理用的濃郁肉汁基底。而 River Café 的香醋羊腿（Lamb Shanks in Balsamic Vinegar）那道菜，用的就是這款醋。

## Aspall 蘋果巴薩米克醋：薩福克（Suffolk），英國

我本來不是很願意嘗試這款醋，不過推薦它的消息來源相當可靠，故我還是試了。我熟知 Aspall 的蘋果酒，事實上在英國，該品牌幾乎可算是蘋果酒的同義詞。Aspall 從 18 世紀中期便已開始生產蘋果酒，接著更擴及蘋果汁與蘋果醋。雖然我很喜歡他們的蘋果酒，但卻擔心其蘋果巴薩米克醋會是個太過火的失敗商品。然而它著時令我驚豔，我現在終於了解它為何能奪得英國的超級美味金牌獎（Great Taste Gold award）。此香醋清新活潑，適合搭配香料，亦是調製飲品的絕佳材料，是一款優質的全方位食用醋，可配合各式各樣的味道。此外它迷人的濃郁焦糖色澤更是裝飾你家櫥櫃的絕佳選擇。

## Acetum 巴薩米克醋：莫德納（Modena），義大利

這款醋產於巴薩米克醋的故鄉莫德納，其酸度約為6%，而生產時除了使用葡萄外，還必須加入葡萄酒醋。這種做法會稀釋味道，但卻能讓風味均衡，感覺極為舒服。其黏稠度有如糖漿一般，我會把它澆在冰淇淋上，或是拿來搭配菊苣、芝麻菜和西洋菜等有苦味的蔬菜。

# 自己動手釀醋

在家自己釀醋是很容易的，首先把葡萄酒（包括自釀葡萄酒）或任何其他種類的酒倒進容器中，最好是底部設計有水龍頭的那種容器，然後加進醋母（由纖維素和醋酸菌所構成的發酵菌）做為「發酵劑」（用來引發酸化作用的培養菌）。要不了多久，酒的表面便會形成一層醋母。若這層醋母變得太白太厚，就必須刮掉，因為它可能會阻擋空氣與下方的無害細菌接觸。不過下方呈粉紅色的那層要保留。待酸化完成，便可把部分的醋放出來（或者若是裝在沒水龍頭的容器裡，那麼可從底部吸出），然後再加進更多葡萄酒。醋一旦暴露於空氣風味就會變淡，因為細菌會攻擊醋酸，所以必須妥善裝入瓶子後密封。

以往廚師們經常會用糖來製醋，做法相當簡單：將適量的水煮滾後，以 150 公克／ 5½ 盎司比 1 公升／夸脫的比例加入砂糖，你可使用紅糖，也可使用糖蜜來增添風味。傳統的做法是將此糖水放涼，裝進桶子裡，但不要裝太滿，然後讓一片沾滿了酵母粉的烤麵包浮在表面。接著拿一張牛皮紙貼住桶子的開口部分，再用烤肉叉（或竹籤）戳洞，好讓空氣能進入。四月份做的糖水大約在九月左右就會變成醋，而有加醋母的話速度會更快。

老式的醋母製作方法是把 100 公克／ 3½ 盎司的糖和 225 公克／ 8 盎司的糖蜜放入 3.5 公升／夸脫的水裡，煮滾後放涼，蓋起來並放在溫暖的地方等 6 週。若一切順利，糖水表面就會形成一層可做為「發酵劑」使用的醋母。而自釀食用醋在裝瓶前，最好先經過高溫殺菌，或是先煮到快滾後再裝瓶。

人們常常會用各種香草和帶有香味的植物來替醋增添風味，其中最有名的幾個口味大概就是龍蒿醋、辣椒醋和大蒜醋了，不過也有黃瓜醋、羅勒醋、玫瑰醋、紫羅蘭醋、芹菜（包含芹菜籽）醋、水芹或芥菜

（也包含其種子）醋，以及香蔥醋等。若要製作這類風味醋，就必須把加味材料泡在整瓶醋裡好幾天。曾經有一度很流行製作口味複雜的風味醋，例如同時加進香草、大蒜、洋蔥與辛香料——這基本上已經是一罐調味醬了。另外，甜美的水果醋（像是覆盆子、醋栗與燈籠果等）適合稀釋後用於製作清涼的夏季飲品，不過這類醋現在也已退流行。

由於含有醋酸，所以醋具有防腐效果，這就是為何人們總是用它來醃泡菜或做酸辣醬。而依據醋的種類不同，有時最好別完全依照食譜以純的醋來做菜，加點水稀釋會比較好。極少量的醋便足以令人驚艷（例如用於優格或草莓）。

此外有一種叫山吹醋的日本甜醋，主要用於調味米飯。你只要把 3 湯匙的糖、3 茶匙的鹽和少許味精加進 250 毫升／ 1 杯的醋裡調勻，就能做出這種醋了。

**右頁** 一旦熟悉醋的釀法，你就能嘗試製作各式各樣的不同風味的醋。大蒜、新鮮的紅辣椒和龍蒿都是很棒的選擇。你可多做幾種，以便應用於不同的菜餚中。

食譜

Recipes

# 開胃菜

## 生牛肉片佐古岡左拉起司與核桃

這是我改造經典食譜做出的即興創作版本,做法非常簡單。請務必選用最好的食材,尤其是牛肉的部分。

750 公克／1 磅又 10 盎司的菲力牛肉,末端的一塊
200 公克／7 盎司的芝麻菜
200 公克／7 盎司的熟成辣味古岡左拉起司(Gorgonzola),弄碎
85 公克／杯大略切碎的新鮮核桃
1 把新鮮的平葉巴西里(也稱洋香菜或歐芹),切碎
4 ~ 6 湯匙的果香特級初榨橄欖油
海鹽與現磨黑胡椒
2 顆沒上蠟的檸檬,切半上桌

### 4 人份

將牛肉包在保鮮膜裡,放入冰箱冰 2 小時(這樣會比較容易切片)。拿掉保鮮膜後,以鋒利的片肉刀將牛肉切成薄片。

把生牛肉片鋪在 4 個盤子上。芝麻菜洗淨後,放在生牛肉片上,堆成一小堆。灑上起司、核桃與巴西里。澆上橄欖油與鹽、胡椒以調味。與切半的檸檬一同上桌,享用時可擠上一些檸檬汁。

# 亞洲風味椒鹽蝦

4 湯匙／¼ 杯的玉米粉

4 茶匙的海鹽

2 茶匙的現磨黑胡椒

1 又 ½ 茶匙的五香粉

1 公斤／2 又 ¼ 磅的生明蝦，去殼且去腸泥

150 毫升／杯的葵花油或花生油

1 根中等大小的新鮮紅辣椒

20 公克／1 把新鮮的香菜或平葉巴西里，裝飾用

1 顆沒上蠟的檸檬，切成厚片上桌

## 4~6 人份

簡單美味，可做為非正式晚餐中的超級開味菜。

將玉米粉、鹽、胡椒和五香粉混合於一大盤中。替明蝦裹上此混合粉料，並拍除多餘的粉。

取一炒鍋或其他類似的鍋具，開中火，將油倒入鍋中並加熱至冒煙。

分批油煎明蝦約 2 分鐘，直到外表金黃酥脆，中途記得翻面。將煎好的蝦子撈起放在廚房紙巾上瀝油並保溫。

蝦子都煎完後，把辣椒放入油鍋煎炸數秒。

將明蝦與炸過的辣椒、檸檬片一同上桌，並用香菜或巴西里裝飾，若是喜歡重口味，還可再灑上更多調味料。

# 自製扎塔香料

4 茶匙的芝麻
4 茶匙的小茴香籽
2 湯匙的乾燥百里香
4 茶匙的鹽膚木
（sumac）
2 茶匙的海鹽

## 1 罐份
（每罐150公克／5盎司）

扎塔（za'atar）這種香料常用於黎巴嫩料理，很適合用來沾麵包、塗在魚或肉上做為調味料，另外也可混入希臘優格。你甚至可把它加進炒蛋、牛排等其他料理中。

取一小平底鍋，用中火烘烤芝麻與小茴香籽約 2 分鐘，直到稍微散發出焦香味為止。

將所有材料混合，並以研缽或食物處理器磨碎後，裝進密封罐儲存。

加上一些優質的特級初榨橄欖油，便是很棒的麵包沾醬。

# 羅馬朝鮮薊

義大利到處都有種朝鮮薊，不過產於拉齊奧（Lazio）地區與羅馬的特別有名，這些朝鮮薊個頭小、口感嫩。在朝鮮薊的產季期間，其特色料理主導了整個首都的餐廳菜單。購買時請盡量挑選看起來年輕的、帶有長莖的，這樣的朝鮮薊比較嫩，還沒長出太多的硬纖維。而這道開味菜最好要趁熱食用。

4 個中型的朝鮮薊
1 顆沒上蠟的檸檬，切半
3 片月桂葉
150 毫升／杯的不甜白酒

**醬汁：**

1 大把新鮮的薄荷，切碎
2 瓣大蒜，切碎
3 ～ 4 湯匙的特級初榨橄欖油
2 湯匙的白酒醋
海鹽與現磨黑胡椒

## 4 人份

首先要一一處理每顆朝鮮薊。將底部的莖斜切掉，然後削去剩餘莖部的皮。從頂部開始切掉約 ½ 公分／¼ 英吋的葉子後，用半顆檸檬搓揉切面。接著剝除朝鮮薊的葉片，至少剝掉 4 層，直到露出淺色的葉片為止。撥開頂端葉片，用小湯匙挖掉中間的硬芯。將朝鮮薊浸泡在加進了另外半顆檸檬的一大碗冷水裡（避免變色）。請依此程序處理完所有的朝鮮薊。

把月桂葉、半顆檸檬、葡萄酒和朝鮮薊放在一個較大的湯鍋裡，再加進足夠蓋過朝鮮薊的冷水（朝鮮薊應要剛好放滿一鍋）。將整鍋東西煮沸並加蓋燜煮約 30 ～ 35 分鐘，直到朝鮮薊變軟。接著把朝鮮薊徹底瀝乾。

至於醬汁部分，先把切碎的薄荷葉和大蒜放進碗中，再加入油與醋。以鹽和胡椒調味後，充分攪拌、混合。

最後將朝鮮薊以上下顛倒的方式盛盤（莖朝上），並且淋上醬汁，趁熱上桌。

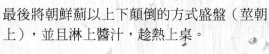

6 顆甜椒，要有紅的、
黃的和橘色的
3 湯匙的白酒醋
6 湯匙的果香特級初榨橄欖油，
最好是產自利古里亞（Liguria）的
50 公克／杯的黃金葡萄乾
1 又 ½ 茶匙的小茴香籽
1 茶匙壓碎的義大利乾辣椒
海鹽與現磨黑胡椒
1 瓣大蒜，切片
2 茶匙的砂糖

沙拉：
3 顆 125 公克／4 又 ½ 盎司的水
牛莫札瑞拉起司球，切片
6 顆 Queen Spanish 橄欖，或是其
他較大顆的綠橄欖，去籽後縱向
切片
60 公克／2 又 ¼ 盎司的芝麻菜
1 湯匙味道較清淡、不強烈的特
級初榨橄欖油

吃法：
搭配脆皮硬麵包來沾菜汁食用

## 4~6 人份

# 糖醋彩椒
# 佐莫札瑞拉起司沙拉

這道開味菜可謂歷久彌新，其繽紛的色彩、簡樸的特性與
風味總能抓住人心。它非常適合生活忙碌的人，因為可提
前幾天做好。在我的 Nonna's kitchen 餐廳裡總是會提供這
類以烤甜椒做成的小菜讓客人配著酥脆的硬麵包享用。

將烤箱預熱至 200℃（400 °F 或瓦斯烤爐的第 6 級），

把甜椒放在鋪有烘焙紙的烤盤上，放進烤箱烤 25 分鐘，待甜
椒變扁且表面稍微焦黑時，便靜置放涼。將甜椒去皮去籽，
切成 1 公分／½ 英吋寬的長條。

把長條狀的甜椒與醋、橄欖油、黃金葡萄乾、小茴香籽及義
大利乾辣椒拌在一起，最後以鹽和胡椒調味，即完成。再加
入大蒜和糖，並浸漬一段時間。

上桌前將莫札瑞拉起司分成 4～6 盤，澆上幾匙甜椒混合物，
再灑上橄欖片。最後為芝麻菜拌入橄欖油，灑在各盤起司
上，即可上桌。

# 醃漬鮭魚

300 毫升／1 又 ¼ 杯的蒸餾白醋

125 公克／ 杯的黃砂糖

25 公克／2 湯匙的海鹽

6 片新鮮的月桂葉

2 茶匙的香菜籽

2 茶匙的黃芥末籽

1 茶匙的黑胡椒粒

1 茶匙的多香果粒

20 公克／1 把新鮮的蒔蘿，切碎，可多準備一些以供裝飾

500 公克／1 磅的帶皮鮭魚排

1 顆白洋蔥，切碎，可省略

吃法：
搭配黑麥麵包與奶油起司食用

## 8 人份

我以這道菜向我在烏克蘭的朋友們致敬。我在那兒工作時，我的廚師同事們都非常自豪於其本國料理，而這道菜可算是那些料理的近親。我希望你會因為它的簡單、美味及令人驚艷的特質而常做這道菜。

將除了鮭魚和洋蔥以外的所有材料放進不鏽鋼或陶瓷製的湯鍋中，加進 1 公升／1 夸脫的水，煮滾後，轉小火悶煮 5 分鐘。然後放涼至室溫。

將鮭魚放在不鏽鋼或陶瓷容器裡，倒入已放涼的醃汁。醃汁要稍微蓋過魚肉。接著放入冰箱醃 3 天。

取出鮭魚，去皮後切成薄片（就像燻鮭魚片那樣）。將鮭魚片放在淺盤中，依喜好灑上切碎的洋蔥，再淋上約 100 毫升／ ½ 杯的醃汁。搭配黑麥麵包及奶油起司一同上桌，並灑上蒔蘿做為裝飾。

# 醃漬紅洋蔥

225 毫升／1 杯的橄欖油

1.5 公斤／3 又 ¼ 磅的紅洋蔥，切細絲

225 公克／1 又 杯的去籽梅乾，大略切碎

200 毫升／ ¾ 杯的紅酒

350 公克／1 又 ¾ 杯的生紅糖

250 毫升／1 杯的雪利酒醋

1 湯匙的海鹽

1 湯匙的現磨黑胡椒

1 又 ½ 茶匙的多香果粉

## 6 罐份

（每罐350公克／ 12盎司）

這也是我的經典愛菜之一。浸泡在香料醋中的鮮豔洋蔥總會讓我聯想到閃閃發光的寶石。它很適合夾在三明治裡，也適合搭配起司或各種春季蔬菜。我的櫥櫃裡總會常備一瓶這種醃漬紅洋蔥呢。

用平底煎鍋加熱橄欖油，然後加入洋蔥，以大火煎炒 5 ～ 6 分鐘，需不斷翻動，直到洋蔥軟化。接著轉小火煮 40 分鐘。

繼續把梅乾和紅酒都倒進鍋裡，轉大火，收乾所有液體。加入糖與醋之後，再次轉小火，持續悶煮，直到整鍋東西變得濃稠。

關火，接著加入鹽、胡椒和多香果粉。放涼後再裝進高溫殺菌過的罐子密封起來，並存放於陰涼乾燥的地方。

# 蕃茄乾鑲鯷魚與酸豆

2 公斤／4 又 ½ 磅的優質小蕃茄（梗子末端有辛辣氣味的）

75 公克／½ 杯的鹽漬酸豆，至少以清水沖洗兩次再切碎

75 公克／2 又 ¾ 盎司的鯷魚肉條，切碎

4 根義大利乾辣椒，也可更多

6 瓣大蒜，川燙後切碎

特級初榨橄欖油（最好是產自義大利普利亞（Puglia）地區的），灌滿罐子用的

## 6 罐份

（每罐350公克／ 12盎司）

在義大利，蕃茄是可能造成大問題的，因為產量實在太大，而且似乎都同時成熟！義大利南部最好的蕃茄毫無疑問就是聖馬爾扎諾（San Marzano）蕃茄——其風格相當突出。做成醬汁很夠味，而做成這種醃菜（總能勾起我的童年回憶），其風味大概也是本書食譜中最強烈的一個。

將烤箱預熱至 140℃（275 ℉或瓦斯烤爐的第 1 級）。

在大得足以裝進所有蕃茄的大鍋裡倒入清水，先將水煮滾，再加進蕃茄。滾個幾分鐘，蕃茄皮就會稍微軟化。

瀝乾蕃茄，將所有蕃茄都對半切開後，鋪在烤盤上。放進預熱好的烤箱烤一小時，或是放在陽光下曬乾。

接著趁這時候準備餡料，請把酸豆、鯷魚、辣椒和大蒜充分混合。

拿半顆蕃茄，抹上餡料後，蓋上另外半顆蕃茄，就像做三明治一樣。把填好餡料的蕃茄放進高溫殺菌過的罐子底部，一個接著一個地往上疊，直到疊至罐口為止。灌入特級初榨橄欖油，需淹過所有蕃茄，然後密封並放入冰箱保存。等到冬天便可享用。

# 醃南瓜

1 顆中型的南瓜，重約 1 公斤
／ 2 又 ¼ 磅
海鹽
2 瓣大蒜，川燙後大略切碎
225 毫升／ 1 杯的特級初榨橄欖
油
50 毫升／ 3 湯匙的白酒醋
2 茶匙的乾燥百里香

## 1 罐份

（每罐450公克／ 1 磅）

我第一次遇見這道佳餚是在南義大利。它很特別，做起來很簡單。
而這醃南瓜可夾在三明治裡或是搭配沙拉享用。

用一把鋒利的刀將南瓜剖半，並挖除中間的籽。接著切片、去皮，再將南
瓜肉切成小塊。

拿一個大湯鍋，裝入水並加鹽，煮滾，然後把南瓜塊丟進去煮 4 分鐘，煮
到變軟但仍維持塊狀（需保留一點口感）。瀝乾南瓜塊後，置入大碗中放涼。

等南瓜變涼，就加進大蒜和橄欖油、醋、百里香。充分混合後，裝進經高
溫殺菌過的罐子，密封。最後存放於陰涼乾燥的地方。

# 醃茄子

2 個中型的茄子
海鹽
2 ～ 3 茶匙的乾牛至
1 湯匙的白酒醋
2 瓣大蒜，去皮
225 毫升／1 杯的特級初榨橄欖油

## 1 罐份

（每罐500公克／1磅又2盎司）

這份食譜是我奶奶送給我的最佳禮物。這醃茄子配上天然酵母麵包真是絕頂美味，當成點心或開味菜都很棒。

將茄子切成細細的短條狀，放入可濾掉水分的容器（濾鍋、濾碗）中，灑上鹽巴。然後放個盤子在茄子上加壓。靜置 30 分鐘後，擠掉帶有苦味的茄子汁液。

以清水沖洗茄子，再把茄子丟進加了鹽的滾水裡，煮 4 分鐘。接著瀝乾水分並放涼。

待茄子變涼，就將所有剩餘材料與茄子一同拌勻。

最後裝進經高溫殺菌過的罐子，密封。放入冰箱冷藏 1 個月後再享用。

# 麵包片佐焦糖紅洋蔥與新鮮義大利綿羊起司

3 湯匙的果香特級初榨橄欖油，上桌時可再多提供一些

3 顆紅洋蔥，切碎

2 片月桂葉

1 枝新鮮的迷迭香，取用葉子部分

2 湯匙的巴薩米克醋

55 公克／¼ 杯的包裝細紅糖

4 片皮脆而內多孔的鄉村麵包

4 把豌豆苗

海鹽與現磨黑胡椒

125 公克／4 又 ½ 盎司的新鮮義大利綿羊起司

## 4 人份

這道菜讚頌的是新鮮的義大利綿羊起司（Pecorino），該起司十分甜美，和洋蔥醬的酸味堪稱絕配。我曾在位於義大利波隆那市中心由一對年輕夫婦 Giorgio 與 Antonia Fini 所經營的時髦小酒館—— La Buca di San Petronio 吃過這道菜。我好愛這道菜，而隨後上桌的四種野生香草義大利麵也同樣美味得令人難忘。

加熱 2 湯匙的橄欖油，然後丟進洋蔥、月桂葉和迷迭香。以中小火持續翻炒洋蔥，直到洋蔥變成褐色。接著加進醋，充分炒勻。再加入糖，以小火煮 30 分鐘。待整體變得濃稠、有光澤且呈深紅色，便靜置放涼。

加熱有橫紋的鑄鐵平底烤鍋，把麵包片放上去，各面分別乾烘 1 ～ 2 分鐘，直到麵包稍微散發出焦香味且邊緣出現焦痕為止。將豌豆苗放在碗裡，倒入剩餘的 1 湯匙橄欖油，再加入鹽與胡椒調味，然後拌勻。

上桌前，替每片麵包各抹上一湯匙的紅洋蔥醬後，放在盤子上，再各加一把豌豆苗與弄碎的義大利綿羊起司。最後灑上更多橄欖油及胡椒，即可享用。

# 沙拉與湯品

## 蕃茄薄荷沙拉

我記得有一次我去西西里島出差，那兒的家族親友在午餐時親切地提供了這道沙拉。這道沙拉的味道反映了該地區以薄荷為特色的拜占庭風格，而混合了紅洋蔥後，更呈現出一種獨特風味。而挑選蕃茄時務必仔細，我發現帶梗小蕃茄的味道往往比其他品種的蕃茄更好、更穩定。購買時要選果實飽滿、色澤鮮艷的。在義大利、西班牙和法國都可買到各種不同成熟度的蕃茄，賣蕃茄的人通常會問你是要當天吃、隔天吃，還是要拿來做醬汁——我真的很喜歡這種可以選擇不同熟度蕃茄的感覺。挑蕃茄時請聞一聞梗子的末端，有辛辣氣味的才是好蕃茄喔。

4 顆飽滿、色澤鮮艷的紅蕃茄
½ 顆小型紅洋蔥
1 把新鮮的薄荷
海鹽與現磨黑胡椒
2 湯匙的果香特級初榨橄欖油
1 湯匙的巴薩米克醋
25 公克／1 盎司的新鮮現刨
帕馬森起司薄片

**吃法：**
灑上麵包丁或搭配法國麵包
享用

## 4 人份

將蕃茄切片，洋蔥則切成輪狀。薄荷大略切碎。

把蕃茄和洋蔥鋪在盤子上，接著灑上薄荷。

以鹽與胡椒調味，再澆上橄欖油與巴薩米克醋。灑上帕馬森起司薄片後，即可搭配麵包上桌。

# 義式茴香芹菜沙拉

2 顆中型的茴香球莖，切除上
方綠梗

6 根淺色的芹菜莖，去掉葉子
後切薄片

250 公克／8 盎司的水牛莫札
瑞拉起司球，撕成小塊

½ 湯匙的碎檸檬皮（最好是
沒上蠟的有機檸檬）

2 湯匙的現擠檸檬汁

6 湯匙的果香特級初榨橄欖油

¼ 茶匙的細海鹽

## 6 人份

淺色的芹菜莖與茴香，再加上柔軟的莫札瑞拉起司
塊，就是一道新鮮、清爽而出色的沙拉。這道菜的義
大利名字叫 Dama Bianca，意思是「穿著白衣的女子」，
這暗示了其偏白的色調。

將茴香朝縱向對半切開，再朝橫向切成約 ½ 公分／¼ 英
吋厚的薄片，與芹菜拌在一起後，盛盤，並撒上撕碎的莫
札瑞拉起司。

將碎檸檬皮、檸檬汁、橄欖油和海鹽攪打均勻，然後澆在
沙拉上。

# 蠶豆豌豆沙拉佐天然酵母麵包丁與龍蒿

這道沙拉充滿夏天感，而若所用蔬菜都來自自家庭院那會更棒。這是我最愛的沙拉之一。何不搭配自製手工麵包一同上桌呢？

250 公克／9 盎司已去掉豆莢的蠶豆或皇帝豆

200 公克／7 盎司已去掉豆莢的新鮮豌豆

3 片天然酵母麵包，最好是有點乾的

1 ～ 2 湯匙的橄欖油

4 湯匙的鮮奶油或酸奶油

2 茶匙的第戎芥末醬

1 顆沒上蠟檸檬的碎檸檬皮與檸檬汁

1 瓣大蒜，壓碎

海鹽與現磨黑胡椒

100 毫升／6 湯匙的果香特級初榨橄欖油，上桌時可再多提供一些

40 公克／杯的新鮮現磨帕馬森起司，上桌時可再多灑一些現刨的起司薄片

2 大把新鮮龍蒿，切碎，上桌時可再多灑一些龍蒿葉

2 顆小寶石生菜或幾把羅美生菜

## 4~6 人份

取一中型湯鍋，裝水並煮滾。加一些鹽，丟進蠶豆，煮 5 分鐘。用冷水沖洗豆子後，充分瀝乾，剝去豆子的皮，使之露出充滿活力的綠色果肉。

若碗豆夠嫩、夠甜，那麼可不經水煮直接生吃。否則就要用滾水煮 3 分鐘，然後泡冷水以免餘熱把豌豆煮過頭。

將麵包切成方便以叉子插取的小丁狀，然後以平底煎鍋加熱橄欖油。翻炒麵包丁，待它們變得金黃酥脆後，取出備用。

把鮮奶油或酸奶油和芥末醬、檸檬皮、檸檬汁及大蒜混合在一起，加入鹽與胡椒調味後，慢慢拌入特級初榨橄欖油，做出濃郁黏稠的沙拉醬，再加入磨碎的帕馬森起司。此沙拉醬的濃度應該要和高脂鮮奶油差不多，若有必要可加水稀釋。

將切碎的龍蒿拌入沙拉醬。接著把生菜撕成小塊，與蠶豆、豌豆、沙拉醬及一半的麵包丁混合。

將剩餘的麵包丁、龍蒿葉與帕馬森起司薄片灑在沙拉上。上桌前再多滴幾滴特級初榨橄欖油。

# 碗豆苗、菊苣、波羅伏洛起司洋梨與核桃沙拉

波羅伏洛起司（Provolone）是一種來自義大利南部地區的牛奶起司。它帶有少許煙燻風味，質地細緻。這種起司在熟成 2～3 個月左右時呈淺黃色，而熟成時間越長，顏色會變得越深，味道也會變得更濃郁。不過改用成熟的山羊起司來代替效果也非常好。

100 公克／1 杯的新鮮核桃仁
1 顆比利時菊苣
½ 顆紅菊苣
1 把新鮮的羅勒，撕碎
1 把薄荷，切碎
125 公克／4 又 ½ 盎司的碗豆苗
2 大顆成熟但仍飽滿緊實的洋梨（Williams 洋梨很不錯）
150 公克／5 又 ½ 盎司的波羅伏洛起司，切成三角形片狀

**油醋醬：**
1 湯匙的紅酒醋
2 湯匙的陳年巴薩米克醋
3 湯匙的核桃油
1 湯匙的橄欖油
海鹽與現磨黑胡椒

## 4~6 人份

將烤箱預熱至 180℃（350 ℉或瓦斯烤爐的第 4 級）。把核桃仁鋪在烤盤上，放進烤箱烤 10 分鐘，直到核桃散出香氣。放涼後大略切碎。

接著做油醋醬。將鹽、紅酒醋與巴薩米克醋混合於碗中攪拌，讓鹽完全溶解。慢慢滴入兩種油並持續攪打，直到乳化。然後以胡椒調味。

把比利時菊苣和紅菊苣的葉子一片片剝開，用水清洗後擦乾。將所有菊苣和香草、碗豆苗放進大碗裡，加入 2 湯匙的油醋醬，充分混合後，平鋪於盤子上。

洋梨切成四等份，去核，散放在沙拉上，再灑上起司與核桃。最後澆上油醋醬便可上桌。

# 亞洲風味紅蘿蔔沙拉佐薑汁醬與南瓜子

30 公克／¼ 杯的南瓜子

6 湯匙的日式壺底醬油（tamari soy sauce）

4 根中等大小的有機紅蘿蔔，切成細條狀

150 公克／5 又 ½ 盎司的碗豆苗

3 根青蔥，斜切

**薑汁醬：**

1 公分／½ 英吋的新鮮生薑，去皮並磨成泥

2 湯匙的味醂（烹調用的甜米酒）

1 湯匙的米醋

2 湯匙經烘烤過的芝麻油

海鹽與現磨黑胡椒

## 4~6 人份

對我來說，這道沙拉可是充滿了歷史。身為一位非常年輕的烹飪老師，我以前經常示範這道菜。我很喜歡它鮮豔的顏色與豐富的口感。只要食材齊全，就能輕鬆快速地做出這道沙拉喔。

用中型的平底煎鍋乾炒南瓜子，需持續拌炒以免燒焦。一旦南瓜子開始變色，就關火，加入 4 湯匙的日式壺底醬油拌勻。接著放涼，好讓南瓜子能有脆脆的口感。

接著做醬汁：把醬汁的所有材料放進有蓋子的果醬罐裡，接著加入鹽與胡椒調味。充分搖勻備用。此醬汁可存放在冰箱裡好一段時間。

將紅蘿蔔、豌豆苗與青蔥拌在一起，灑上脆脆的南瓜子，再淋上搖勻的醬汁，即可上桌。

# Farro 小麥豆子湯

看似大麥，呈淺棕色的 Farro 小麥最近再度流行起來，其味道和營養價值都十分受到重視。幾乎只有義大利托斯卡尼的山區——加爾法尼亞納（Garfagnana）有種植這種小麥，它為托斯卡尼的菜餚注入了一股清新活力。而這道湯品，就是典型的加爾法尼亞納美食呢。

250 公克／9 盎司的乾燥博羅特豆（Borlotti Bean），泡水一整晚後，洗淨、瀝乾
2 顆中型的白洋蔥，切碎
5 片新鮮的鼠尾草葉
3 瓣大蒜
4 湯匙／¼ 杯的橄欖油
1 顆中型的紅洋蔥，切碎
2 根紅蘿蔔，切丁
2～4 根芹菜莖，切丁
1 把新鮮的平葉巴西里
275 公克／9 又 ½ 盎司的罐裝義大利小蕃茄與罐內汁液
200 公克／1 又 ¼ 杯的 farro 小麥，泡水一整晚後，洗淨、瀝乾
海鹽與現磨黑胡椒
6 湯匙的產地裝瓶（estate-bottled）特級初榨橄欖油

## 8 人份

將所有豆子和 1 顆白洋蔥、一半的鼠尾草葉及 1 瓣大蒜放進一個大湯鍋，然後加入足以蓋過食材的清水，深度至少要達到 5 公分／2 英吋。

蓋上鍋蓋煮 1 小時，或是煮到食材變軟為止。待豆子煮透後，用食物處理機或蔬果磨碎器把整鍋東西打成泥。

用大湯鍋加熱橄欖油，丟進紅洋蔥與剩餘的白洋蔥、紅蘿蔔、芹菜、大部分的巴西里、剩下的大蒜與鼠尾草葉、蕃茄，以及 3 湯匙的熱水，煮 10 分鐘。

接著加入 farro 小麥，以小火悶煮約 30 分鐘，直到食材軟化。以鹽和胡椒調味後，倒入打成泥的豆子混合物，攪拌並徹底加熱。依需要調整調味，最後滴一些特級初榨橄欖油，再灑上剩餘的巴西里，即可上桌。

**補充說明：** farro 小麥是小麥的親戚，是一種古代穀物，最早由亞述人、埃及人和羅馬人種植並食用。其中羅馬人會將 farro 小麥拿來燉煮，也會把它磨成粉後煮成某種類似玉米粥的東西。farro 小麥種植於秋天，且種在一階一階的梯田裡，有點像稻米。但它不像稻米喜歡「站」在水中，這就是為何它能在多山的國家裡存活得那麼好了。這種穀物具有抗病能力，因此不需要使用殺菌劑或殺蟲劑，是完全有機的。farro 小麥於六月收割，收割後乾燥數月，再用打的方式讓穀粒脫離莖桿。而 farro 小麥還可分為兩種：穀物 farro，以及斯卑爾脫小麥（Triticum spelta，亦稱為 farricello 或 spelt）。這兩者的不同之處在於穀物 farro 在烹煮前需先泡水 12 小時，但斯卑爾脫小麥則可直接烹煮，不須事先浸泡。

# 韭蔥蕃茄湯
# 佐香酥麵包丁及羅勒

我現在正貪婪地盯著種在我家庭院裡的韭蔥。使用較早採摘的鮮嫩韭蔥，是製作這道絕佳湯品的秘訣。我愛這些純樸食材的組合，靠著出色的橄欖油整合全體，結合為渾然天成的美味。

6 根嫩韭蔥
3 湯匙的橄欖油
750 公克／1 磅又 10 盎司的新鮮、成熟蕃茄
海鹽與現磨黑胡椒
½ 茶匙壓碎的義大利乾辣椒
450 公克／1 磅的放了一天的硬麵包
750 毫升／3 杯的蔬菜高湯
6 片新鮮的羅勒葉
12 茶匙的特級初榨橄欖油

## 6 人份

將韭蔥切片，並以流動的冷水徹底沖洗。

用大湯鍋加熱橄欖油後，丟入韭蔥，翻炒 10 分鐘。

用果汁機或食物處理機將蕃茄打成泥，然後倒進鍋子裡與韭蔥一同加熱。以鹽和胡椒調味，並加入義大利乾辣椒，再悶煮 30 分鐘。

把麵包切成丁，放入鍋中。攪拌均勻，繼續煮 5 分鐘。倒入高湯，攪勻，再悶煮 10 分鐘。

上桌時請裝入一人份的湯碗，每碗各放 1 片羅勒葉並淋上 2 茶匙的特級初榨橄欖油。

# 麵點與輕食

## 義大利麵疙瘩佐松露油及鼠尾草

義大利麵疙瘩的口感應該要鬆軟輕盈，而使用具粉狀質地的馬鈴薯正是做出這種美味麵疙瘩的關鍵。我建議你使用 Rooster、King Edward、Pentland Crown 及 American Russet 等品種的馬鈴薯。另外事先烘烤馬鈴薯也會很有幫助。我覺得這做法比較簡單，更何況烘烤過的馬鈴薯在接近皮的部分還會帶有獨特的堅果風味，真的很棒。

750 公克／1 磅又 10 盎司大小一致的粉質舊馬鈴薯

150 公克／1 杯又 3 湯匙的義大利 00 號麵粉（類似低筋麵粉）

1 茶匙的細海鹽

1 茶匙的黑／白松露糊，可省略

1 顆大雞蛋，打散

75 公克／5 湯匙的無鹽奶油

1 把新鮮的大片鼠尾草葉

1 湯匙的松露風味橄欖油

新鮮松露薄片，可省略

**吃法：**

灑上 75 公克／¾ 杯的現磨帕馬森起司

## 4~6 人份

將烤箱預熱至 200℃（400 °F 或瓦斯烤爐的第 6 級），把馬鈴薯放在鋪有烘焙紙的烤盤上，放進烤箱烤 40 ～ 45 分鐘。馬鈴薯變軟就表示烤熟了。

將馬鈴薯取出，稍微放涼後，切半，挖出皮以外的部分。用馬鈴薯壓粒器或刨絲器，直接把挖出的馬鈴薯壓成碎粒，堆在工作檯面上。在壓碎的馬鈴薯周圍灑上麵粉，於中央做出一個凹槽，然後加入鹽、蛋，以及松露糊（可有可無）。輕輕拌勻成一個鬆軟的麵團。你可依需要再加進更多麵粉，但要小心別過度揉捏麵團。接著把麵團揉成細長條狀，用保鮮膜分別包好每條麵團，靜置 10 分鐘。

以小火將奶油慢慢融化於平底鍋，然後加入鼠尾草。

把麵團擀成細長的香腸狀，約 1 公分／ ½ 英吋粗，再切成 2 公分／ ¾ 英吋的短塊，然後在這些麵疙瘩上壓出紋路，以利沾附醬汁。你可用叉子尖齒部分的背面滾壓麵疙瘩來做出紋路。將做好的麵疙瘩放在灑了麵粉的托盤上，蓋起來備用。

拿一個大鍋，放入水和鹽巴煮滾後，分批丟入麵疙瘩。煮到麵疙瘩浮起來，數到 30，即可撈起麵疙瘩，放入加熱融化的奶油中。最後加進松露油、松露薄片（可有可無），以及帕馬森起司，便可上桌。

# 烤蕃茄、百里香
# 與黑胡椒綿羊起司義大利麵

這是一道簡單但卻十分美味的義大利麵，其做法不止一種。而各做法的共通點就是——都使用新鮮的檸檬百里香以融合蕃茄與義大利綿羊起司的辛辣味。冬天時可將蕃茄先以烤箱烤過，這樣味道會比較好，夏天則盡量直接使用新鮮蕃茄。

400 公克／14 盎司的帶梗成熟小蕃茄（梗子末端有辛辣氣味的）

4 茶匙的新鮮檸檬百里香，切碎

2 瓣大蒜，切碎

6 湯匙的橄欖油、葡萄籽油或是花生油

1 把新鮮的羅勒葉，撕碎
海鹽與現磨黑胡椒

400 公克／14 盎司的乾義大利麵條

90 公克／3 又 ¼ 盎司的義大利黑胡椒或原味綿羊起司薄片

3 湯匙的產地裝瓶（estate-bottled）特級初榨橄欖油

## 4 人份

將烤箱預熱至 150℃（300 ℉或瓦斯烤爐的第 2 級）。

將蕃茄對半切開後，將切面朝上放在烤盤上。灑上百里、大蒜與一半的油，放進烤箱烤 1 小時。便靜置放涼。

取一較大、較深的煎鍋，用小火加熱剩下的油，然後丟進蕃茄與羅勒，接著加入鹽與胡椒調味。

用大量加了鹽的滾水煮義大麵，煮至彈牙狀態後，瀝乾，將義大麵移至炒了蕃茄的煎鍋。最後加進綿羊起司薄片與特級初榨橄欖油，拌勻即可上桌。

# 鮮蝦義大利細扁麵

最近，在從倫敦市中心的肯辛頓高街坐計程車前往 Leiths 食品與葡萄酒學院的路上，我跟一位計程車司機聊到這道麵食，還談到其多種做法，而希望你會喜歡我的版本。在做這道麵食時，有些廚師會加蕃茄，有些會加更多辣椒，也有一些廚師是完全不加辣椒的。

2 湯匙的橄欖油、花生油、菜籽油或葡萄籽油

1 顆中型的洋蔥或 2 顆紅蔥頭，切碎

1 瓣大蒜，切碎

1 把新鮮的平葉巴西里，切碎

1 根中等大小的新鮮紅辣椒，去籽後切碎

500 公克／1 磅又 2 盎司的生明蝦，去殼且去腸泥

海鹽與現磨黑胡椒

400 公克／14 盎司的義大利細扁麵（Linguine）

3 湯匙的清爽利古里亞（Liguria）特級初榨橄欖油

## 4~6 人份

取一較大、較深的煎鍋熱油，放進洋蔥或紅蔥頭、大蒜和 4 湯匙的水。以中火加熱 10 分鐘，直到水幾乎完全收乾。

接著丟進巴西里、辣椒與明蝦，並以鹽和胡椒調味。依需要再多加一些水繼續煮 8 分鐘，直到明蝦變成粉紅色。

同時拿一個大鍋裝水並加鹽煮滾後，將細扁麵煮至彈牙，煮的時候要經常攪拌。將煮好的義大利麵瀝乾，再丟進剛剛炒的蝦子裡，充分拌炒，最後以特級初榨橄欖油及鹽、黑胡椒調味，即可上桌。

# 貓耳朵佐鷹嘴豆

在義大利的普利亞地區，到處都是自製貓耳朵（orecchiette，一種義大利麵食，類似中菜裡的貓耳朵），其味道十分獨特，介於乾的和新鮮的義大利麵食之間（以粗粒小麥粉製成，不含蛋）。而貓耳朵的形狀非常適合搭配鷹嘴豆。

**醬汁：**

100 公克／3 又 ½ 盎司的乾燥鷹嘴豆

2 瓣完整的大蒜，再加上 4 瓣切碎的大蒜

3 片月桂葉

150 毫升／杯的橄欖油

1 顆中型的洋蔥，切碎

2 根芹菜梗，切碎

2 根中型的紅蘿蔔，切碎

¼ 至 ½ 茶匙壓碎的義大利乾辣椒

1 茶匙的細海鹽

350 公克／12 盎司的帶梗成熟蕃茄，切碎

1 把新鮮的平葉巴西里，切碎

**貓耳朵：**

¾ 茶匙的細海鹽

225 公克／1 又 ¾ 杯的粗粒小麥粉，並多準備一些以便揉製時灑在表面

磨碎的義大利綿羊起司或帕馬森起司，上桌時灑上

# 8 人份

**補充說明：**貓耳朵可於 3 天前先揉製好（生的、未烹煮的）。另外你可用 400 公克／14 盎司清洗並瀝乾的罐裝鷹嘴豆來代替煮過的乾燥鷹嘴豆。而乾燥鷹嘴豆可提早 2 天煮好，但需徹底放涼後泡在煮豆子用的水中，並蓋上蓋子。

事先將乾燥的鷹嘴豆泡在蓋過豆子 5 公分／2 英吋的水中一整晚（8 小時），然後瀝乾（或直接使用罐裝鷹嘴豆——請參考本頁最下方的補充說明）備用。

拿一個大鍋，放入泡過水的鷹嘴豆和整瓣的大蒜與月桂葉，加入清水，而水要蓋過食材 5 公分／2 英吋，將鍋蓋半掩並燉煮 1 ～ 1 又 ¼ 小時，或是煮到豆子變軟為止。將煮好的鷹嘴豆瀝乾，濾除大蒜和月桂葉。

取一較大、較重的煎鍋，以中火熱油。放進洋蔥、芹菜、紅蘿蔔、切碎的大蒜、義大利乾辣椒與 ½ 茶匙的鹽，蓋上鍋蓋，偶爾攪拌，直到蔬菜變軟，約莫煮個 12 分鐘。再加進鷹嘴豆、蕃茄、225 毫升／1 杯的水及剩下的 ½ 茶匙鹽，不蓋鍋蓋持續燉煮，直到蔬菜都變軟且醬汁稍微收乾，約煮 5 分鐘。接著拌入巴西里，並加入更多鹽調味。

至於貓耳朵的部分，請先在揉麵碗中，將鹽溶入 110 毫升／½ 杯的溫水裡（40 ～ 45℃／105 ～ 115 ℉）。接著加入粗粒小麥粉，用電動攪拌器以中速攪拌，直到形成緊實的麵團，約需 2 分鐘。把麵團移到工作檯面上，灑上一些粗粒小麥粉，雙手也沾上一些粗粒小麥粉，再搓揉麵團，直到麵團變得光滑有彈性，約需 6 分鐘。將麵團分成 5 塊，靜置於倒扣的揉麵碗下醒 30 分鐘。

拿兩個托盤，鋪上廚房用的吸水布，再灑上少許粗粒小麥粉。取出 1 塊麵團（讓其餘麵團繼續蓋在倒扣的揉麵碗下），在無麵粉的檯面上桿成 35 公分／14 英吋的長條（約 2 公分／¾ 英吋粗），逐一切成 ½ 公分／¼ 英吋的小塊後，用姆指沾一些粗粒小麥粉，並按壓每一塊小麵團，由內往外推，同時稍微扭動姆指，以做出內凹捲曲的形狀（就像貓的耳朵）。捏好的貓耳朵就移至托盤備用。請依此程序處理完所有的麵團。

拿一個大鍋，放入水和鹽巴煮滾後，丟入貓耳朵，煮至彈牙。瀝乾後拌入醬汁，即可上桌。

# 菊苣千層麵

我非常喜歡菊苣，也曾看過我父親種植菊苣。這種蔬菜很適合在家栽種，因為只要短短六週即可採收。而菊苣有兩種品種：一種是最常見的結球菊苣，另一種則是瘦長型的特雷維索（Treviso）菊苣。建議你最好用特雷維索菊苣（在某些國家可直接向菜販訂購），因為這種菊苣比較不苦又比較夠味。

4 顆特雷維索菊苣或 2 顆中型的結球菊苣

4 湯匙／¼ 杯的橄欖油

1 顆中型的茴香球莖，切除上方綠梗與外層後，切成四等份

300 公克／11 盎司的乾燥綠千層麵皮（lasagne verdi）

85 公克／6 湯匙的無鹽奶油

1 顆紅洋蔥，切碎

55 公克／½ 杯的中筋麵粉

1 瓣大蒜，壓碎

500 毫升／2 杯的牛奶

150 公克／5 又 ½ 盎司的古岡左拉起司，切丁

海鹽與現磨黑胡椒

## 4 人份

將烤箱預熱至 200℃（400 °F 或瓦斯烤爐的第 6 級），

將菊苣切成四等份，洗淨後拍乾。把菊苣鋪在烤盤上，灑一些橄欖油，放入預熱好的烤箱（或放在預熱好的燒烤爐下）烤 10 分鐘。菊苣會慢慢變色，稍微焦化。這樣是正確的，這樣才能釋放出最佳風味。烤好後便取出備用。

在烤菊苣的同時，以滾水蒸煮茴香塊約 12 分鐘（應保留一些口感）。蒸好後，取出切碎。

以大量加了鹽的滾水煮千層麵皮，煮至彈牙，接著瀝乾備用。

取一湯鍋，用中小火加熱奶油，丟入洋蔥，炒到洋蔥軟化且變成金黃色。接著加進麵粉、大蒜與蒸好的茴香，拌炒幾分鐘，以去除麵粉的生味。繼續加入牛奶，並以鹽和胡椒調味。關火，用木匙大力攪拌。

重新加熱同一湯鍋，一邊持續攪拌一邊煮到滾，直到鍋內材料變濃稠。加入古岡左拉起司丁，充分攪拌，並且調整調味。

接著便可組合所有食材，先鋪一層醬在耐熱盤中，接著疊上一層菊苣、一層麵皮，依此方式層疊，直到所有的醬和菊苣、麵皮都用完為止。而最上層必須要鋪一層醬。

最後放入預熱好的烤箱中烤 20 分鐘，直到表面呈金黃色即可。

# 法式烤櫛瓜

1.5 公斤／3 又 ¼ 磅的嫩櫛瓜
海鹽與現磨黑胡椒
225 公克／8 盎司的圓米（短米）
3 湯匙的橄欖油
2 顆大的洋蔥，切碎
1 瓣大蒜，切碎
3 顆蛋
225 公克／8 盎司的嫩菠菜葉，切絲
1 大把新鮮的平葉巴西里，切碎
1 把新鮮的羅勒葉，撕碎
100 公克／1 杯的現磨帕馬森起司
2 湯匙的法國特級初榨橄欖油

## 8 人份

有些普羅旺斯菜的菜名是源自於烹煮時所用的當地陶製砂鍋，也就是「Tian」。這道特別的菜色是由法國尼斯的 Martine Bourdon-Williams 所提供，它混合了多種不同的口感與味道，非常可口。請記得要做就多做一些，因為到時你會發現你吃得比原本想得還多。每次要招待一大群學生時，我都會做這道菜呢。

修整櫛瓜，去掉頭尾但不削皮。取一湯鍋，裝入水並加鹽，煮滾後放入櫛瓜煮 10 分鐘，或是用蒸的把櫛瓜蒸軟。

用另一個湯鍋，加水與鹽，煮滾後放入米，煮 10 分鐘，再取出瀝乾。

用煎鍋加熱 2 湯匙的橄欖油，丟入洋蔥與大蒜，炒 5 分鐘，直到食材變成金黃色。

將烤箱預熱至 200℃（400 ℉或瓦斯烤爐的第 6 級），並以剩下的橄欖油塗抹大的耐熱盤。

將煮好的櫛瓜放入可濾掉水分的容器（濾鍋、濾碗）中，以馬鈴薯搗碎器擠壓，把汁液擠掉。

用一大碗打蛋，並加入菠菜、巴西里、羅勒、帕馬森起司及黑胡椒，然後再加入擠壓過的櫛瓜、大蒜和洋蔥，還有米。充分拌勻後，先試試味道再決定是否加鹽調味。

將混合好的材料倒入抹了油的耐熱盤中，送進烤箱烤 30 分鐘，或是烤到表面金黃酥脆為止。最後滴上一些特級初榨橄欖油，即可上桌。

# 鷹嘴豆餅佐茄子與松子泥

在法國南部和義大利，鷹嘴豆餅（Panisse）是一種非常受歡迎的煎餅。我曾吃過只灑了鹽和橄欖油的鷹嘴豆餅，不過在此要介紹的這個口味是比較複雜精緻的，相當特別。這道菜非常適合有特殊飲食需求的人呢。

**煎餅：**

250 公克／2 杯的鷹嘴豆粉，過篩

½ 茶匙的小茴香粉

1 茶匙的海鹽

6 湯匙的橄欖油

2 ~ 3 湯匙的花生油

**茄子與松子泥：**

3 個中型的茄子

6 湯匙具柑橘風味的果香特級初榨橄欖油

1 顆紅洋蔥，切碎

海鹽與現磨黑胡椒

100 公克／杯的松子

6 枝新鮮薄荷的葉片，切碎，可再多準備一些以便上桌時灑上

1 小把新鮮的平葉巴西里

1 小把新鮮的香菜

1 顆檸檬擠出的汁

3 湯匙的淡味中東芝麻醬（tahini paste）

1 瓣大蒜

調味及裝飾用的紅椒粉

2 小撮辣椒粉

**吃法：**

搭配 300 公克／1 又 ¼ 杯的原味優格

## 4~6 人份

首先製作煎餅的麵糊。將鷹嘴豆粉、小茴香和鹽放入攪拌碗，在中央做出一個凹槽，然後倒入橄欖油。接著一邊攪拌一邊慢慢倒入 450 毫升／2 杯的水，做出滑順的麵糊後，靜置於陰涼處至少 2 小時。

再來要製作茄子與松子泥，請將烤箱加熱至 200℃（400 ℉或瓦斯烤爐的第 6 級）。留下一個茄子待用，將另外兩個放在墊了鋁箔或烘焙紙的烤盤上，送入烤箱烤 45 分鐘，直到茄子變軟且扁掉。

將留下的那個茄子切丁（約 1 公分／½ 英吋立方）。用湯鍋加熱 3 湯匙的特級初榨橄欖油後，丟入洋蔥與一撮鹽，以中火拌炒 10 分鐘，直到洋蔥軟化但還沒變色。這時丟進茄子丁，繼續翻炒 15 ~ 20 分鐘，待茄子變軟，接著加入鹽與胡椒調味。

取一煎鍋，用中火乾烘松子約 3 分鐘，過程中需不斷翻動以免松子燒焦。將三分之二的松子拌入洋蔥和茄子的混合物，剩下的松子則留待最後裝飾用。

等烤箱裡的茄子烤好了，取出放涼，再將其對半切開，挖出茄子肉，放在濾網中，把濾網架在一個大碗上。用力擠壓網內的茄子，去除多餘水分。繼續把茄子肉放入果汁機或食物處理機，加進薄荷、巴西里、香菜、檸檬汁、中東芝麻醬、大蒜瓣、紅椒粉與辣椒粉，攪打成泥，再加進剩下的 3 湯匙橄欖油。試試味道，以鹽和胡椒調味。將洋蔥、茄子和松子混合物與打好的菜泥拌勻，放在一旁保溫備用，接著煎鷹嘴豆餅。

用煎鍋（直徑 18 公分／7 英吋）加熱花生油，倒入一勺麵糊，煎約 2 分鐘，仔細翻面，再煎 1 分鐘。煎好的煎餅請放在鋪有烘焙紙的烤盤上保溫。以同樣方式煎完所有麵糊，期間若有需要可再多倒橄欖油至煎鍋中。

上桌時，將煎餅攤在盤子上，放上一些茄子、松子泥及一點優格，再灑上碎薄荷葉與剩餘的松子即可。

# 魚

## 香煎鯖魚佐蘋果片、 西洋菜及大蒜杏仁醬

6 片鯖魚片，於皮上劃幾刀
1 湯匙的橄欖油
1 顆檸檬擠出的汁
3 個中型的甜脆蘋果，去核切片
150 公克／ 5 又 ½ 盎司的西洋菜
2 湯匙的紅酒醋
1 小顆紅洋蔥，切成細細的半月形以用於裝飾

**大蒜杏仁醬：**
50 公克／ 1 又 ¾ 盎司的隔夜白麵包，去掉硬邊（最好是天然酵母麵包）
125 公克／ 1 杯的脫皮白杏仁
1 瓣大蒜，切碎
1 湯匙的義大利白香醋
2 湯匙的西班牙特級初榨橄欖油
海鹽與現磨黑胡椒

## 6 人份

這道菜的味道搭配真的很棒。而我第一次示範這道菜是在靠近英國劍橋一個名為 Burwash Manor 的農場。當時是他們一年一度的蘋果節，大家的反應非常熱烈呢！

先製作大蒜杏仁醬（ajo blanco）。將麵包放在碗裡，泡冷水 15 分鐘。趁著泡麵包時，用食物處理機把杏仁打成細粉，接著倒入 100 毫升／不到 ½ 杯的冷水，攪打成較稀的糊狀。再加入大蒜攪打。將麵包瀝乾後加進杏仁糊中，另外也加入醋與特級初榨橄欖油打勻。最後以鹽和胡椒調味，即完成。蓋上蓋子，放入冰箱冰至少 1 小時。

加熱平底烤鍋。為鯖魚片灑上鹽與胡椒調味，並刷上橄欖油。魚皮朝下，放入烤鍋煎烤 4 分鐘。接著翻面，再煎 2 分鐘。起鍋後擠上檸檬汁。將蘋果片、西洋菜和紅酒醋拌勻後，分成多份盛盤。最後放上鯖魚片，大蒜杏仁醬與紅洋蔥絲。

# 水煮比目魚佐西洋菜油

比目魚非常美味，絕對適合用於特殊場合。而西洋菜油則是這種美味好魚的最佳拍檔。

6 片比目魚肉，每片約 190 公克／6 又 ½ 盎司，去皮

**煮魚用高湯：**
1 根紅蘿蔔
1 根芹菜梗，切片
1 小顆洋蔥，切絲
2 茶匙的鹽
1 茶匙的黑胡椒粒
1 把新鮮的平葉巴西里
200 毫升／¾ 杯的不甜苦艾酒

**西洋菜油：**
2 湯匙的岩鹽
150 公克／15 又 ½ 盎司的西洋菜，可多準備一些以供裝飾
海鹽與現磨黑胡椒
120 毫升／½ 杯的特級初榨菜籽油
3 湯匙的特級初榨橄欖油，不要辛辣或重口味的，要風味清爽的
3 茶匙的現擠萊姆汁

## 6 人份

將煮魚用高湯的所有食材放入一湯鍋，加進 1.4 公升／6 杯的水，煮滾後，轉小火悶煮 30 分鐘。以篩子濾掉蔬菜，將高湯倒入較深的烤盤，放在一旁備用。

接著為西洋菜油準備一碗冰水。在湯鍋裡裝滿水並加入岩鹽，煮滾，再丟入西洋菜，川燙 25 秒後，瀝乾，馬上泡進準備好的冰水中。撈起西洋菜，盡量擠乾，再以廚房紙巾拍乾後，大略切碎。把西洋菜放入果汁機或食物處理機，加上少許鹽與胡椒，以及一半的菜籽油，攪打 20 秒。降低機器的轉速，繼續倒入剩餘的菜籽油、橄欖油，還有萊姆汁。以鹽和胡椒調味後，放一旁備用。

將裝有煮魚用高湯的烤盤放在瓦斯爐上，慢慢加熱至快要沸騰，再小心地放入比目魚片，煮 8 ～ 12 分鐘，直到魚片變得不透明。煮的時間長短取決於魚片的厚度，而煮的時候必需注意不能讓高湯真的沸騰。撈出魚片，盛在加熱過的盤子上，放些西洋菜做裝飾，再淋上一些西洋菜油即可上桌。

# 紙包黑鱈佐橄欖
# 與馬鈴薯

這是我最愛的一道巴里（Bari）地方料理（此地的料理經常以 San Nicola 命名，而 San Nicola 正是當地的水手守護神），這一包包的紙包封住了魚和蔬菜的精華，而馬鈴薯片則能隔絕烤箱的高溫。另外還有橄欖與檸檬片能強調其清新風味。

250 公克／9 盎司的新生小馬鈴薯

3 湯匙又 1 茶匙的橄欖油

1 湯匙又 2 茶匙的新鮮牛至，切碎

2 又 ¼ 茶匙的細海鹽

8 片 150 公克／5 又 ½ 盎司的去皮黑鱈魚、太平洋鱈魚或黑線鱈（約 2.5 公分／1 英吋厚），去骨

1 顆檸檬，切薄片

6 瓣大蒜，切薄片

125 公克／1 杯的卡拉馬塔（Kalamata）黑橄欖，去籽，切成薄片

1 把新鮮的平葉巴西里

清淡的特級初榨橄欖油，上桌前滴在料理上

**特殊用具：**
可調整厚薄的蔬果切片器，27.5 ～ 37.5 公分／11 ～ 15 英吋

## 8 人份

將烤箱預熱至 200℃（400 ℉或瓦斯烤爐的第 6 級），並將烤盤置於底層。

用蔬果切片器把馬鈴薯切成薄片後，與 2 湯匙的橄欖油、1 茶匙的牛至及 ¼ 茶匙的海鹽拌在一起。將拌好的馬鈴薯片分成 8 份，分別放在 8 張大的方形烘焙紙上，要堆在紙的正中央，讓馬鈴薯片稍微重疊，再放上一片魚肉。

為每片魚肉灑上 ¼ 茶匙的少量海鹽、疊上一片檸檬、灑一些大蒜與橄欖片、巴西里、½ 茶匙的牛至以及 ½ 茶匙的橄欖油。

拉起烘焙紙的各邊，往中央聚攏於魚片上，使之形成袋狀，以烹調用的棉繩綁緊，不留任何開口。將綁好的小袋放在熱烤盤上，烤到魚肉剛好熟透，約 15 ～ 22 分鐘。

最後切開紙包，再滴上一些特級初榨橄欖油，即可上桌。

**補充說明：**魚肉可於 4 小時前先包進紙包，並以冷藏方式保存。

# 西西里風味的鮪魚佐茴香與辣椒

對於西西里島，我最深刻的記憶是與父親至當地出差的那一次。那次我們不是到餐廳去談生意，而是先到魚市場，再坐車到某個廚房，然後有人在廚房為我們做了這道菜。我永遠忘不了那頓午餐。這道料理是如此地歡樂豐盛，讓我充分感受到對方的熱情好客，由於印象實在是太過深刻，以至於我在兩本書中都有寫到它呢。

**醃料：**
125 毫升／½ 杯的西西里產特級初榨橄欖油
4 根新鮮紅辣椒，去籽後切碎
4 瓣大蒜，壓碎
3 顆沒上蠟檸檬的碎檸檬皮與現擠檸檬汁
25 公克／1 大把新鮮的平葉巴西里，切碎
海鹽與現磨黑胡椒

**鮪魚：**
4 片 125 公克／4 盎司的鮪魚排
2 顆茴香球莖，沿縱向切片
2 顆紅洋蔥，切片
2 ～ 3 湯匙的橄欖油

**吃法：**
搭配脆皮硬麵包食用

## 4 人份

首先在大碗裡混合製作醃料用的所有食材，並以鹽和胡椒調味。

將鮪魚排置於淺盤，淋上 2 ～ 3 匙的醃料。而剩下的醃料請保留備用。

取一平底烤鍋或煎鍋，開中火加熱。將茴香及洋蔥以橄欖油拌過後，每一面各煎烤 5 分鐘，直到軟化。把煎好的茴香與洋蔥盛盤，並淋上剩餘的醃料。

繼續以平底烤鍋或煎鍋將鮪魚排煎到你喜歡的熟度，各面約莫煎烤 4 ～ 5 分鐘。

上桌時將鮪魚排疊在蔬菜上，並搭配一些脆皮硬麵包來沾菜汁食用。

# 旗魚肉串佐核桃醬

任何肉質緊實的魚類都適合這種極度美味的調味與搭配方式。在風味方面，旗魚與薄荷或旗魚與巴西里，堪稱最受歡迎的絕佳組合。

1 公斤／2 又 ¼ 磅的旗魚，去皮，切成 2 公分／¾ 英吋的塊狀

2 顆沒上蠟檸檬的碎檸檬皮與現擠檸檬汁

175 毫升／¾ 杯的橄欖油

1 把新鮮的薄荷，切碎

海鹽與現磨黑胡椒

1 大把新鮮的月桂葉

2 顆沒上蠟的檸檬，切成半月形（可再對半切）

**核桃醬：**

125 公克／1 又 ¼ 杯的新鮮核桃仁

1 大瓣大蒜

160 毫升／杯的橄欖油或核桃油

一片白的或全麥的天然酵母麵包，泡水

1 顆檸檬擠出的汁

海鹽與現磨黑胡椒

## 6 人份

將旗魚塊、碎檸檬皮與檸檬汁、橄欖油、薄荷、鹽及胡椒放入一個大碗，均勻混合，讓汁液包覆魚肉，然後蓋上保鮮膜，靜置於冰箱至少 1 小時。

將泡在醃料中的魚肉撈出，串成魚肉串，並且要交替串上月桂葉和半月形的檸檬塊。

放在燒烤爐下，以中火烤 10 分鐘後翻面，並刷上醃料。另外也可放在燒熱了的瓦斯烤肉爐或炭火烤爐上烤 6 分鐘，同樣翻面後再刷上醃料。

將烤箱預熱至 200℃（400 ℉或瓦斯烤爐的第 6 級），並在烤盤上鋪好烘焙紙。將核桃放在烤盤上，放進烤箱烘烤 8 分鐘。

用食物處理機或研缽磨碎並混合烤過的核桃、大蒜、橄欖油或核桃油、泡過水的麵包（需先擠乾），以及現擠檸檬汁。如此便能做出濃稠滑順的沾醬。最後再以鹽和胡椒調整沾醬的味道。

## 綠莎莎醬：

4 根醃黃瓜或較大的醃小黃瓜

1 大把新鮮的平葉巴西里

1 大把新鮮的薄荷葉

25 公克／ 3 湯匙的鹽漬酸豆，沖洗後瀝乾

2 瓣大蒜，去皮並切碎

2 顆大雞蛋，煮成水煮蛋

4 湯匙的新鮮白麵包粉（麵包碎屑）

2 湯匙的白酒醋

1 湯匙的砂糖

8 湯匙的特級初榨橄欖油

## 肉餅：

250 公克／ 9 盎司的牛絞肉

250 公克／ 9 盎司的小牛絞肉（最好是玫瑰小牛肉（rose veal））

1 顆小的紅洋蔥，切得很碎

50 公克／ 2 盎司的薄切義式培根，切得很碎

1 瓣大蒜，壓碎

1 顆沒上蠟檸檬的碎檸檬皮

90 公克／ 1 又 ½ 杯的新鮮白麵包粉（麵包碎屑）

3 湯匙的平葉巴西里

25 公克／ 1 又 ¼ 杯的現磨帕馬森起司

1 顆大雞蛋，打散

## 櫛瓜與扁豆沙拉：

3 湯匙的蒜味特級初榨橄欖油

375 毫升／不到 2 杯的綠扁豆，洗淨

1 顆洋蔥，切半

2 片月桂葉

1 顆紅甜椒，切成短柱狀

6 根櫛瓜，約重 1 公斤／ 2 又 ¼ 磅，切成 5 公釐／ ¼ 英吋厚的片狀

1 顆沒上蠟檸檬的現擠檸檬汁

2 湯匙的特級初榨橄欖油

2 湯匙切碎的新鮮平葉巴西里

海鹽與現磨黑胡椒

## 4~6 人份

# 肉類與家禽

# 義式肉餅佐櫛瓜與扁豆沙拉

這道菜的義式肉餅（義大利文叫 polpettone，其實就是英文的 meatloaf）與沙拉都是可事先製作好的。其中肉餅可熱食亦可冷食，而剩的還可做為美味的拖鞋麵包夾料。另外若是買不到小牛肉，就直接改用兩倍份量的牛絞肉即可。

首先製作綠莎莎醬。切碎醃黃瓜、巴西里、薄荷、酸豆及大蒜，再將水煮蛋剝殼後壓碎。然後把這些材料全部放入果汁機或食物處理機，打成滑順的綠色醬料。

將烤箱預熱至 200℃（400 °F 或瓦斯烤爐的第 6 級），並在容量約 1.5 公升／ 1 又 ½ 夸脫的吐司烤模中鋪上烘焙紙。把牛肉與小牛肉放入攪拌碗，加進洋蔥、義式培根、大蒜、碎檸檬皮、三分之二的麵包粉、巴西里、帕馬森起司和蛋液，再以 ¼ 茶匙的鹽與少許胡椒調味。

將肉餅混合物攪拌均勻後，倒進吐司烤模並且壓緊鋪平。於表面灑上剩餘的麵包粉，再送進烤箱烤 30 分鐘，直到以烤肉叉等細長金屬工具插入肉餅中心後取出，可感覺到叉子尖端熱熱的為止。千萬要小心別燙傷手指喔！烤好後，連同烤模一起放涼置少 15 分鐘，再將肉餅取出置於盤中。

至於沙拉的部分，取一中型的鍋子，以 250 毫升／ 1 杯的水悶煮扁豆及洋蔥、月桂葉，中途再加進甜椒和櫛瓜。煮約 15 分鐘，待扁豆變軟，就加進檸檬汁、橄欖油和巴西里，並以鹽與胡椒調味。最後與肉餅和綠沙沙醬一同上桌。

# 西西里香草羊肉
# 佐博羅特豆與四季豆沙拉

西西里香草醬（Salmoriglio）是一種來自西西里島的傳統醬汁，主要成分包括牛至和橄欖油，通常用於醃魚、醃肉或淋在沙拉上。而在這道菜中，我不僅用它來醃羊肉，同時也做為沙拉醬使用。

5 瓣大蒜，壓碎其中 4 瓣

1 湯匙的紅辣椒片

3 湯匙的黃砂糖

2 顆沒上蠟檸檬的大塊碎檸檬皮與現擠檸檬汁

1 小把牛至葉，切碎

100 毫升／6 湯匙的特級初榨橄欖油

2 公斤／4 又 ½ 磅去骨且片開的羊腿肉

海鹽與現磨黑胡椒

**沙拉：**

3 顆紅洋蔥，切厚片

黃砂糖，調味用

3 湯匙的巴薩米克醋

2 罐 400 公克／14 盎司的博羅特豆，洗淨瀝乾

300 公克／11 盎司的帶梗成熟小蕃茄，切半

100 公克／3 又 ½ 盎司的四季豆，川燙

15 顆黑橄欖，去籽

# 6 人份

首先製作醃料。取一小碗，混合 4 瓣壓碎的大蒜、紅辣椒片、黃砂糖、碎檸檬皮、四分之三的檸檬汁、一半的牛至葉及 2 湯匙的橄欖油。為羊肉大略灑上鹽和胡椒調味，放在玻璃耐熱盤中。淋上混合好的醃料，揉捏羊肉使之入味。蓋上保鮮膜，放入冰箱冷藏一整晚或至少 2 小時。而烹煮前需先取出以回復至室溫。

將烤箱預熱至 180℃（350 °F 或瓦斯烤爐的第 4 級）。把洋蔥片鋪在一個大烤盤上，以鹽與胡椒調味後，淋上少許剩餘的橄欖油、一些砂糖及巴薩米克醋。放進烤箱烤 30 分鐘後取出備用。將博羅特豆放在盤中，再堆上蕃茄、四季豆、橄欖與洋蔥。

將剩餘的牛至葉與大蒜瓣切得非常碎，放入一碗中，再加進少許鹽、胡椒與檸檬汁拌勻。

加熱瓦斯烤肉爐或炭火烤爐，間接加熱（不直接放在火的正上方），將羊肉的每一面各烤 15 分鐘，使肉中央呈現嫩粉紅色。烤好後靜置 10 分鐘。若在室內烹煮，也可使用平底烤鍋或煎鍋，直到兩面焦黃，再送入預熱至 200℃的烤箱烤 25 ～ 30 分鐘。最後將羊肉切片，搭配沙拉與一碗牛至醬汁上桌。

# 烤羊肋排佐甜菜根
# 與核桃莎莎醬

請肉販替你把羊肋排修整成肋骨整齊凸出的樣子，這樣不僅美觀，吃起來也方便。而有些超市會直接販賣這種修整好的羊肋排。

10 顆甜菜根，重約 1 公斤／
2 又 ¼ 磅，刷洗乾淨
7 湯匙的特級初榨橄欖油
4 瓣大蒜，保留整瓣
海鹽與現磨黑胡椒
40 公克／杯的新鮮核桃仁
1 湯匙的第戎芥末醬
1 又 ½ 湯匙的巴薩米克醋
1 湯匙的現擠檸檬汁
2 湯匙的新鮮薄荷葉，切碎
50 公克／2 大把的芝麻菜
3 ～ 4 份的羊肋排，共約 1 公
斤／2 又 ¼ 磅

## 6 人份

將烤箱預熱至 200℃（400 ℉或瓦斯烤爐的第 6級），將甜菜根置於烤盤，淋上 3 湯匙的橄欖油，充分混合，再加進蒜瓣，並以鹽和胡椒調味。蓋上鋁箔紙，送進烤箱烤 1 又 ¼ ～ 1 又 ½小時，或是烤到甜菜根熟透但仍保有口感為止。

在烤甜菜根的同時，取一小平底鍋加熱，並倒入核桃仁，以中火乾烘 2 ～ 3 分鐘，期間需持續翻動，直到核桃稍微散發出焦香味。接著關火，放涼，大略切碎後放一旁備用。

將烤箱裡的甜菜根取出放涼至手能碰觸的溫度，再去皮並對半切開，然後送回烤箱再烤 25分鐘。去掉蒜瓣，將甜菜根放涼後切小丁，再放入攪拌碗中。倒入剩餘的 4 湯匙橄欖油、芥末醬、巴薩米克醋、檸檬汁、切碎的核桃與薄荷葉，充分拌勻，接著加入鹽與胡椒調味。最後把芝麻菜大略切一切，拌入混合好的甜菜根與核桃莎莎醬裡。

把羊肋排放在一個大烤盤上，灑上鹽與胡椒調味後，送入烤箱烤 20 ～ 30 分鐘，你可依希望的熟度來調整烤的時間長短，而烤好後需取出並蓋起來靜置 10 分鐘。除了以肋骨為單位切片盛盤，每個人分 3 支外，也可以將一份肋排對半切開。另外別忘了搭配莎莎醬一同上桌。

# 牛奶與新鮮香草
# 燉烤豬肉

以牛奶和大量香草來燉煮烤豬肉，便能使豬肉極為軟嫩且濃郁多汁。許多義大利人會留下凝結在豬肉周圍的凝乳，但我會濾掉凝乳，好讓醬汁更滑順細緻。

50 毫升／3 湯匙的橄欖油

2 ～ 2.25 公斤／4 又 ½ ～ 5 磅的去骨豬肩肉（不帶皮），以棉繩綁起

3 顆杜松子，壓碎（請參考補充說明）

2 大枝新鮮的迷迭香

2 大枝新鮮的鼠尾草

1 枝新鮮的月桂葉或 4 片乾燥月桂葉

1 瓣大蒜

細海鹽與現磨黑胡椒

50 毫升／3 湯匙的白酒醋

1 公升／1 夸脫的全脂牛奶

## 6~8 人份

將烤箱預熱至 180℃（350 ℉或瓦斯烤爐的第 4 級），並將烤盤置於中間層。

取一寬大而厚重的耐熱湯鍋，以中火加熱橄欖油，然後放入豬肉、杜松子及所有香草植物，將豬肉的各面煎得稍微焦黃，大約煎個 8 ～ 10 分鐘。

接著丟進蒜瓣，再灑上 1 茶匙的細海鹽與 ½ 茶匙的黑胡椒，繼續油煎約 1 分鐘，直到大蒜變成金黃色。接著倒入白酒醋，快速滾煮一下，讓醋蒸發至剩一半左右。

再倒入牛奶，煮至小滾。將鍋子蓋起來，送進烤箱慢燉，偶爾取出翻面，烤個 2 ～ 2 又 ½ 小時，直到豬肉軟爛為止（牛奶會凝結成凝乳）。

烤好後，將豬肉取出放在砧板上，稍微蓋住。用網眼較細的濾網把湯汁過濾至碗中（濾掉所有固體），並撈除表面的浮油。將湯汁倒回至鍋中，煮滾，直到釋出更多風味且蒸發到剩下約 450 毫升／2 杯的量，再加入鹽和胡椒調味。

最後將豬肉切片盛盤，並澆上濃縮好的湯汁，即可上桌。

**補充說明：**杜松子（Juniper berry）可於國外超市的香料區買到（在台灣可試試網購）。豬肉可於前一天先燉好，連同湯汁一起放涼，然後蓋起來冷藏保存。而要上桌前先恢復至室溫，再加熱並依食譜的後續步驟處理。

# 糖醋豬肋排

對於這道菜，我有著很特別的回憶。在我青少年時期，我媽總會於家庭聚會時烹煮這道佳餚。由於我們平常都吃義大利菜，因此每當她端出這道料理，我們就會覺得好有異國風味喔！

2公斤／4又½磅的豬肋排
海鹽
2湯匙的花生油

**醬汁：**
2湯匙的花生油
1顆大的洋蔥，切碎
1大瓣大蒜，壓碎
1湯匙的蘋果醋
1湯匙的蕃茄糊（泥）
1湯匙的日式壺底醬油（tamari soy sauce）
4湯匙的細黃糖
1湯匙的透明蜂蜜
300毫升／1又¼杯的雞高湯（新鮮現煮的最好）
1顆檸檬的現擠檸檬汁
現磨黑胡椒

## 6~8 人份

將烤箱預熱至190℃（375℉或瓦斯烤爐的第5級）。替豬肋排灑鹽調味後，放入較深的烤盤，淋上花生油，再送進烤箱烤25分鐘。

將肋排從烤箱取出，用鋒利的刀子沿肋骨切開成一根一根的排骨。

接著製作醬汁。取一小平底鍋加熱1湯匙的花生油，然後丟入洋蔥輕輕拌炒，直到洋蔥變色。繼續加入大蒜拌炒，再加入所有剩餘的醬汁材料，並以黑胡椒調味。需充分混合。

把切好的肋排放回至深烤盤中，倒入醬汁，蓋上鋁箔紙並送入烤箱再烤1～1又½小時。可搭配米飯或你愛的配菜上桌。

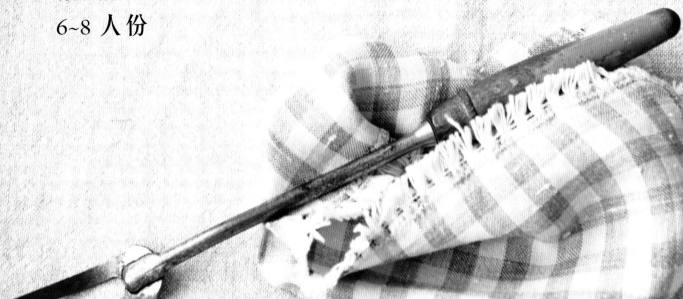

# 中式蜜糖烤雞

4 支大雞腿
（大腿與小腿相連的）

醃料：
1 顆有機（沒上蠟）柳橙的碎
柳橙皮與柳橙汁
3 湯匙的透明蜂蜜
2 湯匙的黃砂糖
1 湯匙的五香粉
2 湯匙的醬油
2 湯匙經烘烤過的芝麻油

吃法：
搭配清脆的沙拉享用

## 8 人份

身為義大利人，我熱愛義大利菜。但由於我跟一個口味相當國際化的美食家老公住在一起，所以有時必須跨出義大利才行。而這道簡單、適合下班回家後烹煮的菜，正好能滿足這種需求。

將雞腿放入可密封的塑膠袋。將所有醃料的食材混合後，倒進裝了雞腿的袋子裡。封緊塑膠袋，再隔著袋子揉捏雞腿，使醃料充分包覆雞腿。接著放入冰箱冷藏至少 2 小時（放一整晚更好）。

將烤箱預熱至 180℃（350 ℉或瓦斯烤爐的第 4 級）。把雞腿與醃料一同倒入一個大烤盤，並將所有食材平均攤開。送入烤箱烤 45 分鐘，直到雞肉熟透（以烤肉叉等細長工具插入最厚的部分，拔出後流出的肉汁不帶血水即可）。

烤好後，將雞腿從烤箱取出，若喜歡外皮更焦脆些，還可使用平底烤鍋，將帶皮的部分朝下煎烤約 5 分鐘，直到雞腿變得有點焦脆為止。請搭配清脆的沙拉享用。

# 法瑞諾奶奶的砂鍋雞

海鹽與現磨黑胡椒

2 湯匙的義大利 00 號麵粉（類似低筋麵粉）

8 塊雞大腿，依個人喜好，可帶骨帶皮也可去骨去皮

3 湯匙的橄欖油

2 根芹菜梗，切碎

1 根中型的紅蘿蔔，切丁

1 顆紅洋蔥，切丁

150 公克／5 又 ½ 盎司的栗子蘑菇，大略切碎

1 瓣大蒜，壓碎

3 湯匙的白酒醋

2 枝新鮮的迷迭香，將葉子部分切碎

1 茶匙的乾燥混合香草

3 片月桂葉

6 湯匙的義大利蕃茄糊

6 個中型的馬鈴薯，去皮後切成四等份（不能切得太小塊）

1 把新鮮的平葉巴西里，切碎

**吃法：**
搭配弗卡夏或脆皮硬麵包食用

## 8 人份

這道菜在我家出現的頻率甚高，不只是因為味道好，也因為它很容易做。它美味，令人滿足，又屬於大鍋菜型的料理，非常適合沒什麼時間的媽媽們。多年來我嘗試過各種組合，有時會加入煙燻培根、肥豬肉或義式培根。這些食材都能帶來很不錯的風味變化，但非絕對必要。

將少許鹽和胡椒拌入麵粉，再替雞大腿裹上麵粉。

使用可直接以瓦斯爐火加熱的砂鍋，倒入橄欖油，並以小火慢慢加熱。丟進雞腿，煎至變色後取出。依需要倒入更多油，然後丟進芹菜、紅蘿蔔、洋蔥、蘑菇及大蒜，翻炒 5 分鐘，直到食材稍微焦黃。再次丟入雞腿，並加進醋、500 毫升／2 杯的清水、各種香草、蕃茄糊與馬鈴薯燉煮。接著加入鹽與胡椒調味。

持續悶煮 45 分鐘，過程中需時時注意不讓砂鍋內的食材乾掉，並定時加以攪拌。

上桌前灑上巴西里，並搭配弗卡夏或脆皮硬麵包來沾菜汁食用。

# 醃鴨胸佐黃瓜
# 與薄荷沙拉

這道菜在食材的取得和製作方面都需要多花一點力氣，但保證值得！道地的亞洲風味組合讓它一直以來都持續受到家人與晚宴賓客們的一致好評。

**醃料：**

1 根肉桂枝

1 顆八角

2 茶匙的香菜籽

3 公分／1 又 ¼ 英吋的新鮮生薑，去皮並磨成泥

2 顆中等大小的紅蔥頭，切小丁

1 湯匙的海鹽

3 湯匙的米醋

2 塊鴨胸肉

**沙拉：**

125 公克／4 又 ½ 盎司的黃瓜，切成細條狀

1 茶匙的海鹽

1 顆紅洋蔥，切碎

2 湯匙的白酒醋

1 湯匙的菜籽油

2 湯匙的果香特級初榨橄欖油

1 湯匙的砂糖

1 大把新鮮的薄荷葉，去梗，切碎

1 袋碗豆苗，約 110 公克／4 盎司

## 4 人份

首先製作醃料。以平底煎鍋乾炒所有香料 1 又 ½ ～ 2 分鐘，直到香氣釋出，然後與薑和紅蔥頭一起用研缽搗碎。繼續加入鹽和米醋拌勻，倒入玻璃器皿，再放入鴨胸肉並按摩入味。接著蓋上保鮮膜，放入冰箱冷藏至少 2 小時或一整晚。

沙拉的部分，先把黃瓜放入可濾掉水分的容器（濾鍋、濾碗）中，並拌入 1 茶匙的鹽，放在水槽瀝乾 20 分鐘，然後散鋪在廚房紙巾上拍乾。紅洋蔥則泡冷水 10 分鐘，瀝乾。

取一大碗，把黃瓜、紅洋蔥、醋、油、糖，以及薄荷充分混合，加入鹽與胡椒調味後，放一旁備用。

將烤箱預熱至 180℃（350 ℉或瓦斯烤爐的第 4 級）。刷掉鴨胸上的醃料，並以皮朝下的方式放在尚未加熱的耐熱煎鍋中，接著開中火煎 15 分鐘，同時倒掉多餘的鴨油。

將鴨胸肉翻面，再煎 2 分鐘，然後送入烤箱烤 10 分鐘。

鴨胸肉烤好了，便可切片盛盤，並搭配拌入碗豆苗的黃瓜沙拉一同上桌。

# 配菜、醬汁與抹醬

## 烤義式培根裹馬鈴薯佐百里香醬

500 公克／1 磅又 2 盎司的 Jersey Royal 馬鈴薯，或其他品種的新生白皮小馬鈴薯，輕輕洗淨

海鹽與現磨黑胡椒

15 ～ 20 片義式培根，切成條狀

1 茶匙的新鮮百里香葉

1 湯匙的橄欖油

50 毫升／3 湯匙的鮮奶油或酸奶油

½ 湯匙的白酒醋

½ 茶匙壓碎的義大利乾辣椒

1 湯匙的特級初榨橄欖油

切碎的新鮮細葉香芹，裝飾用

4~6 人份

這道菜最適合以英國的 Jersey Royal 馬鈴薯來製作，而把這麼嬌貴的馬鈴薯拿來烤確實有點離經叛道之嫌，不過這做法真的可以強化其柔滑質地。當然，用其他品種的馬鈴薯也行，像是 Nicola、Elvira 或 Charlotte 等。

將烤箱預熱至 180℃（350 °F 或瓦斯烤爐的第 4 級）。

把馬鈴薯放入湯鍋中，倒進清水直到完全蓋過馬鈴薯，加少許鹽。水滾後煮 5 分鐘撈出，以冷水沖洗至完全變涼。馬鈴薯不可煮得過爛，需維持一定口感。瀝乾備用。

將培根條排列出來，每條對應一顆馬鈴薯。灑上鹽、胡椒和一半的百里香調味後，把每顆馬鈴薯都以一條培根包起，再置於鋪有烘焙紙的烤盤上，並澆上橄欖油。

送入烤箱烤 15 分鐘，中途需翻面。要讓義式培根變得金黃酥脆。

醬汁部分，請將醋、乾辣椒、特級初榨橄欖油及剩餘的百里香拌入鮮奶油或酸奶油中攪打，直到滑順。以鹽和胡椒調味後，淋在馬鈴薯上，並灑上細葉香芹，即可上桌。

## 蕪菁甘藍脆條

500 公克／1 磅又 2 盎司的蕪菁甘藍

4 枝新鮮的迷迭香，切碎

2 枝新鮮的鼠尾草，切碎

4 湯匙／¼ 杯的橄欖油

海鹽

4~6 人份

蕪菁甘藍不是什麼艷麗迷人的蔬菜，但只要經過這道食譜的簡單處理，便能夠從醜小鴨變成天鵝呢。另外芹菜根也能如法炮製。

將烤箱預熱至 200℃（400 °F 或瓦斯烤爐的第 6 級），並為烤盤鋪上烘焙紙。

蕪菁甘藍去皮後切成 5 公分／2 英吋的條狀，與香草和橄欖油拌勻，再放上烤盤。

送進烤箱烤 12 分鐘。最後灑上海鹽調味，即可上桌。

# 韭蔥鷹嘴豆
# 佐芥末醬

5 湯匙的菜籽油
4 根中型的韭蔥，洗淨後切碎
海鹽
400 公克／2 杯煮熟的鷹嘴豆
（將其中的三分之一壓碎，
以便入味）
1 把新鮮的平葉巴西里，切碎
3 湯匙的現磨黑胡椒
1 湯匙的第戎芥末醬
1 茶匙的芥末籽醬
1 湯匙的白酒醋

## 4~6 人份

這是一道隨性小菜，可搭配肉類或魚類料理上桌，也可做為開味菜配上天然酵母麵包享用。由於它放久了更入味，所以事先做好會比較理想。

用煎鍋加熱 2 湯匙的油，丟入韭蔥，以鹽調味，然後炒到韭蔥變軟。接著倒入鷹嘴豆，充分加熱、拌勻。關火後，再加進巴西里與黑胡椒。

將芥末醬、醋與剩餘的油拌勻，然後拌入韭蔥與鷹嘴豆中，即可上桌。

# 義大利風味炒青菜

200 公克／7 盎司的四季豆，
去頭尾

200 公克／7 盎司的嫩莖青花
菜

100 公克／3 又 ½ 盎司的嫩
菠菜葉

1 顆沒上蠟檸檬的碎檸檬皮與
現擠檸檬汁

1 根不那麼辣的新鮮紅辣椒，
去籽後切碎，或是一撮壓碎
的義大利乾辣椒

100 毫升／6 湯匙的果香特級
初榨橄欖油，最好是產自西
西里島的

海鹽與現磨黑胡椒

## 4~6 人份

這種簡單的綠色蔬菜烹調方式可說是美味歷久不衰，每次介紹這道菜都大
獲好評，這真是令我非常高興。只有這種做法能讓我女兒 Antonia 把青菜吃
光光，其餘都免談。

將一大鍋水煮滾，丟進所有的蔬菜，煮 3 分鐘。煮好便立刻撈出瀝乾，放入碗中。

接著把碎檸檬皮、檸檬汁，以及特級初榨橄欖油拌勻，然後再加入辣椒，並以鹽
和胡椒調味，做出醬汁。

最後將醬汁拌入煮好的蔬菜中，使之充分包覆蔬菜，即可上桌。

## 庫斯庫斯佐七種蔬菜醬

庫斯庫斯（Couscous，又稱北非小米），是摩洛哥的國菜。而摩洛哥的庫斯庫斯料理通常味道較纖細，不像現在法國的突尼西亞和阿爾及利亞版的那麼辛辣刺激。七這個數字被視為是幸運數字，也是傳統上用於此菜餚的蔬菜種類數量，而一般都是選用當季蔬菜。這是屬於大鍋菜型的料理，很適合用來應付人數眾多的情況。

首先製作醬汁。將鷹嘴豆瀝乾，放進一個大湯鍋裡，加入 3 公升／夸脫的清水，煮滾後撈掉浮沫。丟入洋蔥與大蒜、各種香料以及北非綜合香料，悶煮至少 30 分鐘。

待鷹嘴豆變軟，便可加鹽調味。

繼續加進紅蘿蔔、高麗菜、朝鮮薊心、茄子及馬鈴薯，若有需要可再加更多水，悶煮 20 分鐘。然後放入蕪菁、蠶豆和葡萄乾，煮 10 分鐘。接著放南瓜與蕃茄，煮 5 分鐘。加入各種香草與橄欖油後，再煮 5 分鐘。

你可在悶煮蔬菜的同時準備庫斯庫斯。將庫斯庫斯放入一個大碗中，倒入 300 毫升／ 1 又 ¼ 杯的水，並加入鹽。充分攪拌均勻後，靜置 10 分鐘。

再加入 300 毫升／ 1 又 ¼ 杯的水，還有橄欖油和奶油。以雙手的手掌輕輕搓揉庫斯庫斯的顆粒，以確保各顆粒沒有黏在一起。再次靜置 10 分鐘，直到顆粒脹大、變軟，但仍需維持粒粒分明的狀態。

將庫斯庫斯放在蒸鍋的上層，不蓋鍋蓋，利用下層煮的滾水蒸煮 8 分鐘（當蒸氣能穿透庫斯庫斯的顆粒，就算是蒸好了）。

把蒸好的庫斯庫斯倒在大的、加熱過的盤子上，用叉子壓一壓，好讓顆粒分開。舀一些蔬菜醬放在中央，然後立刻上桌。

---

**七種蔬菜醬：**

125 公克／ 1 滿杯的乾燥鷹嘴豆，事先泡水一整晚

2 顆大的洋蔥，切碎

2 瓣大蒜，切碎

½ 茶匙的番紅花絲

2 茶匙的肉桂粉

1 茶匙的紅椒粉

1 大撮卡宴辣椒粉（cayenne pepper）

½ 茶匙的薑粉

1 湯匙的北非綜合香料（ras el hanout）

海鹽

225 公克／ 8 盎司的紅蘿蔔，沿縱向對切

½ 根中等大小的高麗菜，切成 8 塊

6 顆朝鮮薊心

1 個中型的茄子，切成四等份

225 公克／ 8 盎司的小馬鈴薯，去皮切半

225 公克／ 8 盎司的蕪菁（大頭菜），去皮切片

225 公克／ 8 盎司已去掉豆莢的蠶豆，去皮

125 公克／不到 1 杯的葡萄乾

225 毫升／ 8 盎司的新鮮南瓜，切成 5 公分／ 2 英吋寬的片狀

2 顆蕃茄

1 堆新鮮的平葉巴西里，切碎

1 大堆新鮮的香菜，切碎

1 湯匙的橄欖油

**庫斯庫斯：**

450 公克／ 2 又 杯的快煮庫斯庫斯（北非小米）

1 撮海鹽

4 湯匙的法國特級初榨橄欖油

1 ～ 2 湯匙的無鹽奶油

## 5~6 人份

# 薩巴魔汁

2 瓣中等大小的大蒜
1 茶匙的小茴香籽
1 茶匙的紅椒粉（不可太甜）
2 茶匙的乾燥百里香或 1 茶匙的新鮮百里香
1 根不那麼辣的新鮮紅辣椒，去籽後切碎，或是一撮壓碎的義大利乾辣椒
100 毫升／ 6 湯匙的果香特級初榨橄欖油，最好是產自西西里島的海鹽與現磨黑胡椒

## 1 罐份

（每罐75公克／ 2 又 ½ 盎司）

在於加那利群島追尋三月陽光的數次家族假期中，我經常享用此一獨特醬汁。它能有的各種不同變化令我驚訝不已，不過我想我已找到一種令人滿意的味道組合。薩巴魔汁可用於搭配帶皮的烤馬鈴薯，沾麵包也很棒，另外還能搭配清淡的魚肉片喔。

以研缽搗碎大蒜和小茴香籽，然後加入紅椒粉、百里香、辣椒與橄欖油拌勻。最後以鹽和胡椒調味，即完成。

# 自製巧克力醬

100 公克／ 3 又 ½ 盎司的黑巧克力（可可含量至少要 70%）

100 毫升／ ½ 杯的全脂牛奶

75 公克／ 1 杯的榛果碎粒，乾烘過

2 滴香草精

125 毫升／ ½ 杯的榛果油

3 湯匙的高脂鮮奶油

## 1 罐份

（每罐500公克／ 1磅又2盎司）

去年夏天，我在巴黎巴士底市場附近的一家小小手工披薩店吃到了裹著巧克力榛果醬的弗卡夏——真是極度美味。這讓我的想像力開始奔馳，於是我決定自己做做看。希望你會喜歡！

取一中型湯鍋，用牛奶將巧克力融化，然後慢慢地加入榛果與香草精、榛果油。拌勻後放涼，再加進鮮奶油。

請盡量以各種方式享用此巧克力醬。它除了和弗卡夏很對味外，搭配鬆餅、英式小鬆餅及餅乾等也都很棒呢。

# 麵包與餅乾

## 馬鈴薯與古岡左拉起司弗卡夏

**麵團：**

2 顆中型馬鈴薯，去皮並切碎

500 ～ 550 公克／4 ～ 4 又 杯的高筋白麵粉，再多準備一些以便揉製時灑在表面

2 茶匙的細海鹽

15 公克／½ 盎司的新鮮酵母，弄碎，或是 7 公克／¼ 盎司的乾酵母

250 毫升／1 杯的水，需為人體體溫的溫度

3 湯匙的橄欖油

**配料：**

1 罐 400 公克／14 盎司的義大利小蕃茄，瀝乾並切碎

1 湯匙的新鮮牛至，切碎

2 湯匙的新鮮羅勒，撕碎

1 瓣大蒜，切碎

½ 茶匙的塊磨黑胡椒

375 公克／13 盎司的朝鮮薊心，切成四等份，泡在橄欖油裡

250 公克／9 盎司的古岡左拉起司，弄碎

150 公克／5 又 ½ 盎司的莫札瑞拉起司，切絲

**吃法：**
灑上少許果香特級初榨橄欖油享用

## 1 塊份

馬鈴薯與麵團的組合可算是相當奇特，而它絕對是家庭聚會或外出野餐郊遊時的最佳選擇。

取一湯鍋，裝水並放入馬鈴薯，蓋上鍋蓋滾煮 10 ～ 15 分鐘，或是煮到馬鈴薯變軟為止。接著將馬鈴薯瀝乾、壓碎，並稍微放涼。

取一大碗，混合三分之二的麵粉與鹽。先將酵母溶進 2 湯匙的清水裡，再於麵粉中央做出一個凹槽，然後倒入溶有酵母的水與橄欖油。攪拌混合數分鐘後，拌入壓碎的馬鈴薯與剩餘的麵粉。

於工作檯面上灑少許麵粉，倒出攪拌過的麵團開始搓揉，務必揉入足夠的麵粉好做出光滑又有彈性的緊實麵團。這過程約需 8 ～ 10 分鐘。將麵團整理成球形後，放進塗了油的碗裡，並翻一次面，好讓麵團表面裹上油脂。以乾淨的濕布將碗蓋住，靜置於溫暖的地方讓麵團發至兩倍大，約需 1 小時。

接著用拳頭把麵團裡的空氣擠出來，整成球狀，再次以濕布蓋住並靜置 10 分鐘。

在 38 x 25 x 2.5 公分／15 x 10 x 1 英吋的烤盤中抹油，然後把麵團鋪平在烤盤中。若麵團黏黏的，就在表面多灑 1 湯匙的麵粉。請以指尖在麵團上壓出小凹槽，再蓋上濕布靜置，直到它脹成幾乎兩倍大，約需 30 分鐘。

將烤箱預熱至 190℃（375 ℉或瓦斯烤爐的第 5 級）。

至於配料部分，請把蕃茄、牛至、羅勒、大蒜及黑胡椒混合均勻後，用湯匙平均地鋪在麵團表面。接著放上朝鮮薊心，再灑上古岡左拉與起司與莫札瑞拉起司。送入烤箱烤 35 分鐘。請趁熱上桌，並滴上少許特級初榨橄欖油來享用。

# 薩丁尼亞披薩

我一直夢想著能開一間披薩店，而且我覺得這種披薩會成為我店裡的招牌口味。

**披薩麵團：**

15 公克／½ 盎司的新鮮酵母，或是 7 公克／¼ 盎司的乾酵母

4 湯匙的水，需為人體體溫的溫度

225 公克／1 又 ¾ 杯的高筋白麵粉，再多準備一些以便揉製時灑在表面

1 茶匙的鹽

65 公克／2 又 ¼ 盎司的無鹽奶油

1 顆大雞蛋，打散

橄欖油

**配料：**

5 湯匙的橄欖油

750 公克／1 磅又 10 盎司的洋蔥，切絲

500 公克／1 磅又 2 盎司的成熟蕃茄，去皮並大略切碎

海鹽與現磨黑胡椒

55 公克／2 盎司的鯷魚肉條

少許黑橄欖，去籽切半

1 把新鮮的牛至

**吃法：**

灑上辣椒油享用

# 8 人份

首先製作麵團。將酵母溶入水中。取一大碗，於碗內混合麵粉與鹽，揉進奶油後，在中央做出一個凹槽。把蛋和酵母水倒進凹槽，開始混合搓揉，直到形成緊實而有彈性的麵團，若有需要可再加進一些水。當麵團不再黏附於碗的內緣時，就取出並放至灑了麵粉的工作檯面上，徹底搓揉 10 分鐘。接著將麵團整成圓球狀，置入抹了油的乾淨碗中，蓋起來靜置發酵，直到麵團發成兩倍大，約需 1 又 ½ 小時。

待麵團發好，再放回灑了麵粉的工作檯面，分成兩等份，並分別稍加搓揉。將兩團麵團各自放入 20 ～ 23 公分／8 ～ 9 英吋、抹了油的平底鍋裡，在手背上灑些麵粉，以指關節由內朝外壓平麵團。把鍋蓋蓋好，趁著準備配料時將烤箱預熱至 200℃（400 °F 或瓦斯烤爐的第 6 級）。

現在要製作配料。取一厚底煎鍋，加熱 5 湯匙的橄欖油，放入洋蔥輕輕拌炒後，蓋上鍋蓋悶煮，偶爾打開攪拌，直到洋蔥軟化，約需 20 分鐘。接著加進蕃茄，並以鹽和胡椒調味，不蓋鍋蓋持續燉煮，等醬汁變得濃稠，便靜置放涼。

把放涼後的配料分成兩份，均勻地鋪在兩個披薩麵團上。繼續將鯷魚條縱橫交錯地排列在麵團表面，再把切半的橄欖放在鯷魚條所形成的空格裡。灑上牛至，送入預熱好的烤箱中烤 25 分鐘，直到表面呈金黃色且滋滋作響為止。請搭配辣椒油一同上桌。

# 斯卑爾脫小麥香草麵包

這種麵包已成了我的最愛之一，只要一有機會就會拿它來招待賓客。若我是個賭徒，我一定會下注在這種麵粉上，打賭它未來將變得越來越重要。斯卑爾脫小麥含有麩質，但它是無麥的，而身為一位老師，我發現我有越來越多學生飽受食物不耐症之苦。由於這種麵包只需發酵一次，所以很適合我們忙碌的生活形態。其蛋白鏈較短，因此揉麵時間不用長，發酵也只要一次就夠了。你可嘗試用白麵粉或全粒粉來做。我非常喜歡這種麵包的粗糙口感，有時甚至會用這種麵團來做義大利麵包棒（grissini）呢。

500 公克／ 4 杯的全粒斯卑爾脫小麥粉，並多準備一些以便揉製時灑在表面

2 茶匙的海鹽

3 湯匙的新鮮迷迭香，大略切碎

2 茶匙的現磨黑胡椒

2 湯匙的菜籽油

1 湯匙的香味蜂蜜，例如洋槐蜂蜜或迷迭香蜂蜜

7 公克／ ¼ 盎司的新鮮酵母，或是 1 茶匙的乾酵母

400 毫升／ 1 又 ¾ 杯的水，需為人體體溫的溫度（若使用白的斯卑爾脫小麥粉，就需調整水的分量）

## 2 條份

取一大碗，加入麵粉、鹽、迷迭香與黑胡椒，充分混合。在混合物中央做出一個凹槽，倒入油與蜂蜜後，再加進酵母和水。

充分攪拌後，把麵團移至灑了少許麵粉的工作檯面。揉捏麵團，並依需要再加入更多麵粉。揉捏約 8 分鐘，直到麵團變得緊實有彈性且表面光滑。

將麵團分成兩等份，各自揉成長棍狀，然後並排放在鋪有烘焙紙的烤盤上，蓋起來靜置發酵 40 分鐘。

將烤箱預熱至 180℃（350℉或瓦斯烤爐的第 5 級）。把麵團送入烤箱烘烤，直到表面金黃且以手指敲擊底部時聲音聽起來有空洞感。烤好後置於網架上放涼。

可搭配橄欖油或奶油享用。

# 橄欖油圈圈餅

這種酥脆的黑胡椒橄欖油小餅（taralli）來自義大利的普利亞地區，很容易一吃就上癮。在義大利，這橄欖油圈圈餅通常會搭配餐前、餐後酒享用，不過當成野餐點心也很不錯。普利亞地區到處都有這種小餅乾，但手工自製的還是最棒。你還可考慮加點茴香籽進去，味道很搭喔！

150 公克／1 杯又 3 湯匙的義大利 00 號麵粉（類似低筋麵粉），並多準備一些以便揉製時灑在表面

40 公克／杯的粗粒小麥粉（精製）

1 茶匙的現磨黑胡椒或 2 茶匙稍微壓碎的茴香籽

2 茶匙的海鹽

70 毫升／杯的不甜白酒

70 毫升／杯的特級初榨橄欖油，最好是產自普利亞地區的

## 100 個份

首先把麵粉、粗粒小麥粉、胡椒或茴香籽、一半的鹽、葡萄酒和橄欖油充分混合，然後放在灑了麵粉的工作檯面上揉製，直到麵團變得光滑有彈性，約需 2 分鐘。接著將麵團放入稍微抹了油的碗中，蓋起來並靜置鬆弛約 45 分鐘到 1 小時。

煮滾 900 毫升／不到 4 杯的清水，並加入剩餘的鹽。

把麵團分成兩半，再各分成 10 等份。取一塊小麵團（其餘蓋起來放一邊），桿成 50 公分／20 英吋的長條後，切成 5 段，並把每一段桿成 10 公分／4 英吋的條狀，再把每條的頭尾相接，做成環形。以此方式處理完所有剩餘麵團，並把所有圈圈餅麵團蓋起來備用。

將烤箱預熱至 180℃（350 ℉或瓦斯烤爐的第 5 級）。並為兩個烤盤塗油。

分批水煮圈圈餅麵團，煮到麵團浮起為止，約需煮 3 分鐘。用漏勺將煮好的圈圈餅麵團撈起，放至抹了油的烤盤中，送入烤箱烤至金黃酥脆，約需烤 30 分鐘。烤好置於網架上放涼後即可享用。

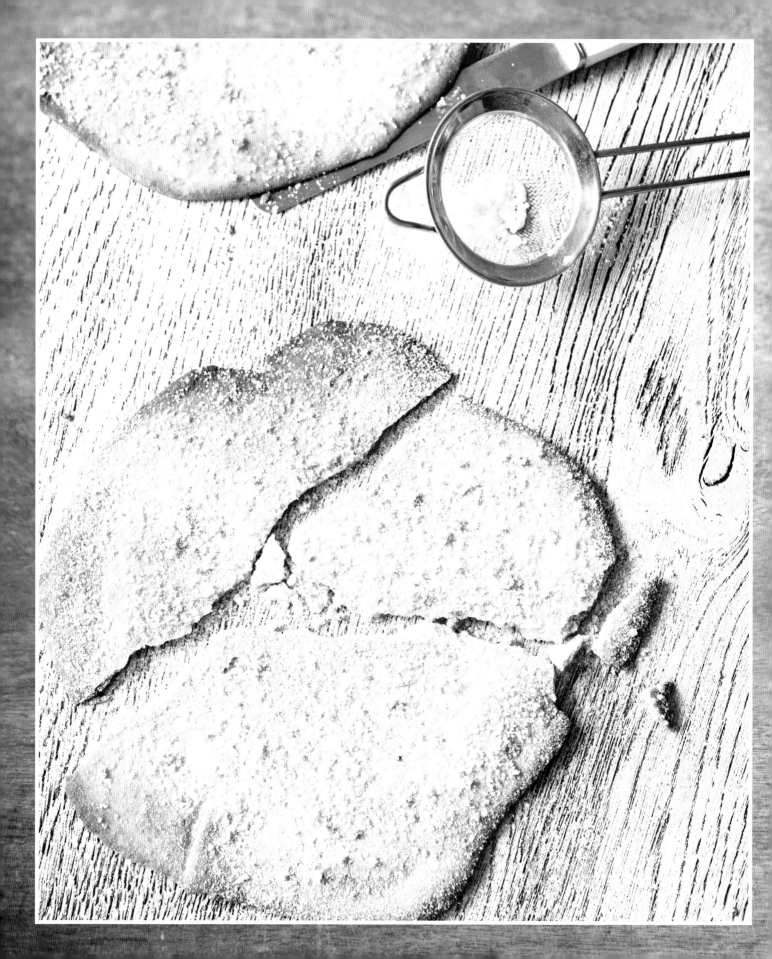

# 檸檬、萊姆與
# 小荳蔻脆餅

我超愛做麵包，而這種酥脆美味的餅乾是某次實驗的幸福成果。檸檬與萊姆皮都是小荳蔻的最佳夥伴。我喜歡用冰淇淋或口感軟綿的水果來搭配這些脆餅，因為脆餅的酥脆能與柔滑的質地達成平衡。最後灑上糖粉，就成了一道迷人的甜點囉。

15 公克／½ 盎司的新鮮酵母，或是 7 公克／¼ 盎司的乾酵母

250 公克／9 盎司未經漂白的高筋白麵粉，並多準備一些以便揉製時灑在表面

½ 茶匙的海鹽

50 毫升／3 湯匙的橄欖油或椰子油，並多準備一些以便桿開麵團

1 顆沒上蠟檸檬的檸檬皮

1 顆萊姆的萊姆皮

2 茶匙的小荳蔻粉或是以研缽磨碎 8 個豆莢的小荳蔻

125 公克／杯的砂糖

**吃法：**
灑上香草糖粉享用

# 12~16 片份

取 50 毫升／3 湯匙的溫水，置於量杯，然後倒出部分溫水來溶解新鮮或乾的酵母。

將麵粉過篩，與鹽一起混合於大碗中。在中央做個凹槽，倒入橄欖油或椰子油，還有一半的檸檬皮、萊姆皮、小荳蔻及糖，接著再倒入溶於水的酵母與少許溫水。以木匙拌勻，並且慢慢加入剩餘的溫水，做出柔軟的麵團。

將麵團倒在灑了少許麵粉的工作檯面上，用力搓揉 10 分鐘，直到麵團變得光滑有彈性（可依需要再加入更多麵粉）。接著把揉好的麵團放入抹了油的大碗中，並將麵團翻面，使其表面沾滿油。以乾淨的布將碗蓋住，靜置於溫暖的地方 1 又 ½ 小時，或是等到麵團發至兩倍大為止。

將烤箱預熱至 200℃（400°F 或瓦斯烤爐的第 6 級），並把兩個抹了油的烤盤置於烤箱底層。

用拳頭擠壓麵團，放回灑了少許麵粉的工作檯面繼續搓揉 2～3 分鐘，把空氣徹底擠出來。接著將麵團分成兩等份。

繼續於灑了麵粉的工作檯面，最好是大理石檯面，將麵團桿成直徑約 25～30 公分／10～12 英吋的圓形薄片。把桿平的薄麵皮放到冷的烤盤上，灑上剩餘的檸檬皮、萊姆皮、小荳蔻及砂糖混合物。

小心地將處理好的薄麵皮從冷烤盤直接滑進熱烤盤，然後立即送入烤箱烤 12 分鐘，直到麵皮變得金黃酥脆。最後灑上香草糖粉。請放涼後扳成小塊享用！

# 甜點

## 我的傳統紅蘿蔔蛋糕

200 公克／1 又 杯的義大利 00 號麵粉（類似低筋麵粉）

½ 茶匙的海鹽

1 又 ½ 茶匙的泡打粉

¼ 茶匙的小蘇打

½ 茶匙的肉桂粉

¼ 茶匙的丁香粉

¼ 茶匙的現磨肉荳蔻

250 毫升／1 杯的葵花油、橄欖油、花生油或葡萄籽油

250 公克／1 又 ¼ 杯的包裝紅糖

3 顆大雞蛋，稍微打散

1 顆有機（沒上蠟）柳橙的柳橙皮

2 茶匙的香草精

80 公克／杯的新鮮核桃仁，切碎並稍微烘烤過

3 根中型的紅蘿蔔，大略磨碎

30 公克／杯的椰蓉

**糖霜：**

200 公克／不到 1 杯的奶油起司

95 公克／7 湯匙的無鹽奶油，退冰放軟

1 又 ½ 湯匙的楓糖漿

1 顆有機（沒上蠟）柳橙的柳橙皮，磨碎

50 公克／杯的糖粉

新鮮核桃仁，裝飾用

## 6~8 人份

這道蛋糕食譜的年紀可能比我還大！它是在我經營自己的餐館—— As You Like It 時，一位終身茹素、外表嚴肅但其實溫和害羞的小姐做給我們的。這配方來自她的加拿大表親。這種蛋糕大受我們顧客的歡迎，有位男子甚至特地往返 65 公里（40 英哩），只為吃到一片！而在此我只稍微更動了一點點其配方。

將烤箱預熱至 170℃（325 ℉或瓦斯烤爐的第 3 級）。為直徑 24 公分／9 又 ½ 英吋的脫底蛋糕烤模塗油。

將麵粉過篩，與鹽、泡打粉、小蘇打及各種香料混合在一起。

另外將油、糖與蛋混合。

接著把麵粉混合物與柳橙皮、香草精、核桃仁、紅蘿蔔及椰蓉拌在一起，再加到油和蛋的混合液中，充分拌勻。拌勻後倒進抹了油的圓形蛋糕烤模中，送入烤箱烤 1 小時，直到以烤肉叉（或竹籤）插入蛋糕體後拔出毫無沾黏為止。烤好後，連同烤模一起放涼 5 分鐘再脫模。

至於糖霜部分，請將奶油起司與放軟的奶油、楓糖漿、柳橙皮和糖粉混合攪打，然後鋪在蛋糕頂部。最後再放上少許核桃做為裝飾即完成。

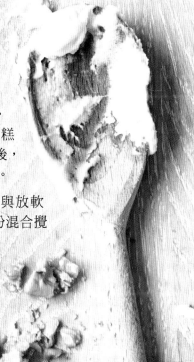

# 義大利杏仁蘋果蛋糕

因蘋果太多而誕生的這種蛋糕，是某次實驗的開心成果。

200 毫升／¾ 杯的橄欖油

225 公克／1 杯又 2 湯匙的黃砂糖

3 顆大雞蛋

225 公克／1 又 ¾ 杯的義大利 00 號麵粉（類似低筋麵粉）

1 茶匙的肉桂粉

2 又 ½ 茶匙的泡打粉

½ 茶匙的塔塔粉（cream of tartar）

600 公克／1 又 ¼ 磅的甜點用蘋果，削皮，去核，切丁

100 公克／杯的葡萄乾

75 公克／¾ 杯的杏仁片

2 顆沒上蠟檸檬的碎檸檬皮

## 6~8 人份

將烤箱預熱至 180℃（350 蚌或瓦斯烤爐的第 4 級），並為直徑 20 公分／8 英吋的脫底蛋糕烤模鋪上烘焙紙。將橄欖油倒進碗裡，加入糖，以手持式的電動攪拌器攪打，直到滑順均勻。

接著加蛋，一次加一顆，持續攪打，使混合物份量漸增且看起來像較稀的美乃滋。

將麵粉過篩，與肉桂粉、泡打粉及塔塔粉混合。然後把此乾的混合物慢慢加進剛剛攪打的油蛋混合物中，一邊加一邊以金屬湯匙拌入。繼續再加入蘋果、葡萄乾、杏仁片和檸檬皮。將拌好的麵糊倒入蛋糕烤模中，送入烤箱烤 1 小時，直到以烤肉叉（或竹籤）插入蛋糕體後拔出毫無沾黏為止。烤好後就脫模並置於網架上，放涼即可享用。

# 終極香蕉麵包

油能夠創造成功的蛋糕質地——我希望這道食譜能說服你這是真的！
我這輩子一直都對香蕉很有熱情，也一直都在追求最棒的香蕉食譜。

100 公克／杯的椰棗乾

240 公克／2 杯的義大利 00 號麵粉（類似低筋麵粉）

50 公克／½ 杯的傳統燕麥片

3 茶匙的泡打粉

50 公克／½ 杯的美國山核桃，切碎

1 茶匙的鹽

60 公克／杯的紅糖

120 毫升／½ 杯的有機葵花油

200 公克／¾ 杯的希臘優格

75 公克／杯的椰奶

5 顆大雞蛋

60 公克／¼ 杯的透明蜂蜜

2 茶匙的香草精

225 公克／1 杯非常熟的香蕉泥（皮已變黑的那種香蕉）

## 12 人份

將烤箱預熱至 180℃（350 ℉或瓦斯烤爐的第 4 級）。並為 30x17 公分／12x6 又 ½ 英吋的吐司烤模塗油，再於底部鋪上烘焙紙。

將椰棗乾泡在滾水裡約 12 分鐘。

把所有乾的材料混合在一起，再將除了香蕉泥以外的所有濕材料另外混合。

瀝乾椰棗，去籽後切碎。把香蕉泥和椰棗加進濕材料混合物中，接著把乾的與濕的材料充分混合拌勻。

將拌勻的麵糊倒入準備好的烤模，送進烤箱烤 40 分鐘，直到表面呈金黃色。以烤肉叉（或竹籤）插入蛋糕體後拔出，如果毫無沾黏，那就表示烤好了。

烤好後置於網架上，放涼再享用。

# 突尼西亞蛋糕

45 公克／ 杯的玉米粉

200 公克／ 1 杯的黃砂糖或原
蔗糖

100 公克／不到 1 杯的杏仁粉

1 又 ½ 茶匙的泡打粉

215 毫升／不到 1 杯的橄欖油

4 顆雞蛋，大略打散

1 顆沒上蠟柳橙的碎柳橙皮

1 顆沒上蠟檸檬的碎檸檬皮

2 湯匙的糖粉

糖漿：

45 公克／ 3 又 ½ 湯匙的砂糖

½ 顆柳橙的現擠柳橙汁

½ 顆檸檬的現擠檸檬汁

1 根肉桂枝

## 8 人份

這種獨特的蛋糕一向是家庭最愛，永遠大受好評。
我最愛它的一點就是，只要用個大碗把食材全都混
合在一起就行了。

為直徑 21 公分／ 8 英吋的蛋糕烤模鋪上烘焙紙。

取一大碗，混合玉米粉、糖、杏仁粉及泡打粉，然後
再用木匙將橄欖油、蛋和柳橙皮、檸檬皮攪打進去。
接著倒入準備好的蛋糕烤模中，放進未事先預熱的冷
烤箱，用 190℃（375 ℉或瓦斯烤爐的第 5 級），烤
35 ～ 40 分鐘。烤好後取出，靜置放涼 5 分鐘，再脫模
並置於網架上。

至於糖漿部分，請將糖與柳橙汁、檸檬汁及肉桂枝一
起燜煮 5 分鐘，邊煮邊攪拌好讓糖溶化，煮好再拿掉肉
桂枝。

趁著蛋糕放涼時，在蛋糕各處戳幾個小洞，然後淋上
糖漿。最後灑上糖粉，即可上桌。

# 女兒獲獎的
# 巧克力乳脂蛋糕

輕盈、濃郁、巧克力味十足，而且還得過獎——這可是我女兒 Antonia
偉大的烘焙成就呢！

175 公克／1 又 杯的義大利
00 號麵粉（類似低筋麵粉）

2 湯匙最優質的不甜可可粉

1 茶匙的小蘇打

2 茶匙的泡打粉

140 公克／¾ 杯的黃砂糖

2 湯匙的黃金或淡玉米糖漿

2 顆大雞蛋

150 毫升／ 杯的有機葵花油

150 毫升／ 杯的酪乳（butter-
milk，也稱白脫牛奶）

2 茶匙的香草精

100 公克／3 又 ½ 盎司的黑
巧克力，小顆粒狀的或塊狀
的

125 公克／1 條的無鹽奶油

180 公克／1 又 ¼ 杯的糖粉

3 湯匙最優質的不甜可可粉

1 湯匙的牛奶

1 把冷凍的乾燥草莓碎片

# 6~8 人份

將烤箱預熱至 180℃（350 ℉或瓦斯烤爐的第 4 級）。
並為兩個直徑 18 公分／7 英吋的蛋糕烤模抹油且
鋪上烘焙紙。

將麵粉過篩，與可可粉、小蘇打和泡打粉混合於一
個中等大小的碗裡。接著加進糖，充分拌勻。

在麵粉混合物中央做出一個凹槽，倒入玉米糖漿、
蛋、油、酪乳及香草精，用手持式的電動攪拌器攪
打至滑順均勻。

打勻的麵糊倒入準備好的蛋糕烤模，送進烤箱烤
25 ～ 30 分鐘。烤好後先放涼一會兒，再脫模並置
於網架上徹底降溫。

將巧克力放入耐熱碗，以隔水加熱的方式融化巧克
力。把融化後的巧克力倒在一張烘焙紙上，等它冷
卻變硬。

接著製作蛋糕的夾心，請將奶油放在一碗中，攪打
至軟化，再慢慢加進糖粉、可可粉與牛奶，做出蓬
鬆、可塗抹的巧克力糖霜。

待烘焙紙上的巧克力冷卻定型，就用刀背在
巧克力片上刮出捲曲的巧克力薄片，以便
灑在蛋糕上做為裝飾。

將一半的巧克力糖霜夾在兩塊蛋糕體之
間做為內餡，另一半則抹在蛋糕的頂部
與側邊。

最後灑上捲曲的巧克力薄片與乾燥草莓碎片，即完
成。

# 橄欖油冰淇淋

200 毫升／¾ 杯的全脂牛奶

140 公克／¾ 杯的黃砂糖或原蔗糖

100 毫升／½ 杯的高脂鮮奶油

5 顆大雞蛋的蛋黃

160 毫升／杯的果香橄欖油

4～6 人份

這道原創食譜來自羅馬的 Palazzo del Freddo Giovanni Fassi 冰淇淋店。即使是最激進的懷疑論者也會忍不住想試它一試。而它還可搭配巧克力香醋（詳見第 166 頁）享用喔。

將牛奶、糖和鮮奶油放入鍋內，慢慢煮至沸騰。確定糖已完全溶化後，就關火，放涼。

將蛋黃放入碗中，用打蛋器攪打。

待牛奶與鮮奶油的混合物涼了以後，一點一點地將打好的蛋黃加入鍋中，同時用小火慢慢加熱、攪拌。這個步驟的目的是要做出卡士達醬。等這鍋奶蛋混合物越來越濃稠，變得能附著於湯匙背面時，便可關火。繼續再加入橄欖油並以打蛋器攪打，直到充分混合為止。

把混合物倒入冰淇淋機，然後依該機器的使用手冊來製作冰淇淋。或是將混合物倒進金屬容器後，放入冷凍庫，接著每隔一個半小時拿出來攪拌一次，直到做出滑順的冰淇淋為止。

**補充說明：**也可以用椰奶來代替牛奶。

# 烤無花果佐榛果與鮮奶酪

義大利最好的無花果產自那不勒斯（Naples）地區，那裡有一整個夏天的炙熱陽光可讓它們充分成熟。而榛果儷（Frangelico）和無花果非常對味，不過用苦艾酒也是可行。

12 顆成熟的新鮮無花果

115 公克／不到 1 杯的去殼榛果，乾烘過並切半

1 湯匙溫和的透明蜂蜜

2 湯匙的巴薩米克醋

3 湯匙的榛果儷（榛果香草風味的利口酒）

115 公克／½ 杯的鮮奶酪或低脂有機奶油起司

## 4 人份

將烤箱預熱至 200℃（400 ℉或瓦斯烤爐的第 6 級），把每顆無花果的底部都切掉一小片，好讓果實能平穩地站好。再從頂部朝下切兩刀，兩刀垂直相交，且都切至約 2.5 公分／1 英吋深。接著抓住各無花果的中段稍微朝上擠壓，好讓上端切出的「花瓣」展開。

將大部分的榛果和蜂蜜、巴薩米克醋、榛果儷及鮮奶酪或奶油起司混合在一起，然後淋在排列於烤盤中展開的無花果上。

送入烤箱烤 15 分鐘，直到起司冒泡。烤好後灑上剩餘的榛果，即可上桌。

# 雞尾酒、醃料與茶飲

## 以醋為基底的雞尾酒

以醋為基底的雞尾酒是目前倫敦雞尾酒圈裡最受歡迎的類型，想想這也是理所當然，畢竟醋能消除雞尾酒的甜膩感，同時增添美好的酸甜風味。保證你會一杯接一杯，停不下來喔！

## 風騷天后

誘人的草莓香醋酒。

1 份不甜的馬丁尼
½ 份伏特加
½ 顆檸檬擠出的汁
3 茶匙的砂糖
3 茶匙的巴薩米克醋
6 顆草莓，壓成泥

## 1 人份

將所有材料混合後，加冰塊飲用。

## 親愛的

獻給所有熱愛巧克力與櫻桃的朋友們！

1 份柑曼怡香橙利口酒（Grand Marnier）
½ 份蘭姆酒
2 湯匙磨碎的黑巧克力
¼ 份的櫻桃利口酒
2 茶匙的蘋果醋

## 1 人份

將所有材料搖勻後，加冰塊飲用。

# 香草醋

500 毫升／2 杯的紅酒
500 毫升／2 杯的白酒醋
2 ～ 3 瓣大蒜，去皮並切碎
3 枝新鮮的百里香
3 枝新鮮的迷迭香
3 枝新鮮的牛至
8 ～ 10 顆胡椒粒，壓碎

**1公升／4杯份**

我們家用完晚餐後偶爾會剩下一些優質紅酒，而這些酒真的不該浪費掉。我的奶奶很節儉，也很積極地教導整個家族要節儉。她常說：「只要你夠省，總有一天買得起法拉利！」以下便為你介紹我們家的一個獨特配方，它可是優質橄欖油的最佳夥伴呢。

將紅酒與白酒醋混合，再加進所有其他材料，然後全部倒進瓶子裡密封起來。靜置至少 1 個月，便能獲得最美味的加味葡萄酒醋。

# 覆盆子醋

500 公克／不到 4 杯的覆盆子
300 毫升／1 又 ¼ 杯的蘋果醋
175 公克／¾ 杯的糖

**500毫升／2杯份**

簡易、令人驚艷、用途廣泛而且色彩超級繽紛。請你一定要試試！你可為家人和朋友做一罐這種覆盆子醋當禮物。而做過一次後，你或許會想進一步嘗試燈籠果與蜜蜂花的版本。

在一個大玻璃碗中，用叉子把覆盆子壓碎，再倒入醋，然後蓋起來靜置 4 天，期間要打開攪拌一到兩次。

用紗布小心地過濾後（別用力擠壓果渣，以免醋變混濁），就能獲得約 500 毫升／2 杯的液體。

加入糖並以文火慢煮這液體，直到糖完全溶解，然後倒入高溫殺菌過的罐子。這樣做出來的醋可存放 1 年，很棒吧！

# 巧克力香醋

50 毫升／3 湯匙的蘋果醋
50 毫升／3 湯匙的巴薩米克醋
50 公克／2 盎司的黑巧克力（可可含量至少要 70%），磨碎
75 公克／不到 ½ 杯的細紅糖

**150毫升／¾杯份**

這種醋可用來搭配冰淇淋、沙拉，甚至是牛排。它肯定能令你驚艷。

取一中型湯鍋，以小火加熱醋與糖。充分攪拌直到糖都溶化後，慢慢煮至沸騰，並持續滾煮5分鐘。接著關火，拌入巧克力，再靜置放涼。

等醋涼了，就倒進高溫殺菌過的罐子保存。

# 簡易醃料

以下介紹的 piri-piri 辣味醃料非常適合用於烤雞，且份量足以醃製 6 塊雞胸肉。
而日式烤肉串醃料則適合用來醃魚，同樣足以醃製 6 人份。要注意的是，這兩
種醃料都必需現做現用。

## Piri-piri 辣味醃料

火烤 6 根紅辣椒，然後去皮去籽，丟進食物處理機
與 3 瓣大蒜、1 湯匙切碎的牛至、4 湯匙的橄欖油、
1 湯匙的煙燻／西班牙紅椒粉、1 茶匙的紅酒醋、海
鹽以及 1 顆未上蠟檸檬的檸檬皮與檸檬汁一起打成
泥。

## 日式烤肉串醃料

3 茶匙的砂糖
4 湯匙的醬油（最好是日式壺底
醬油）
4 湯匙的味醂（烹調用的甜米酒）
2 湯匙的日本清酒
2 湯匙的花生油

將以上材料全部充
分混合後立即使
用。

# 民間草藥

油與醋不僅美味，還能夠增進健康且有助於對抗如偏頭痛及糖尿病等其他更嚴重的疾病。像我奶奶就每天固定用特級初榨橄欖油刷牙——這對牙齦很好，也可讓牙齒潔白明亮。

## 可改善糖尿病的
## 橄欖葉茶飲

將橄欖葉大略切碎，準備 2 湯匙的份量。然後把這些碎橄欖葉置於湯鍋中，加入 1 公升／ 4 杯的冷水，蓋起蓋子泡一整夜。隔日早晨以小火加熱整鍋東西，煮滾即可關火。繼續靜置浸泡 20 分鐘，再濾掉橄欖葉。

將過濾後的液體於白天分 4 次喝完——早上喝一次、每一餐之間各喝一次，睡前再喝一次。此飲品可是富含極為重要的抗氧化物喔。

## 改善偏頭痛

以醋製成的敷料對於偏頭痛這項常見的小毛病已展現出明顯的改善效果。取一容器，放入三分之二份量的滾水，再加入滿滿一個玻璃杯的醋。

用一厚毛巾沾醋水混合物，敷在頭與肩膀處 15 分鐘。接著擦乾臉，在安靜的房間裡躺著休息半小時。

# 相關資源

## 英國

**THE OIL MERCHANT**
www.oilmerchant.co.uk
販賣各式各樣來自全歐洲、南非和黎巴嫩等地的橄欖油，還有巴薩米克醋、葡萄酒醋、雪利酒醋與風味醋。

**SHEEPDROVE ORGANIC FARM**
www.sheepdrove.com
販賣許多優質有機產品，包括產自他們的小小橄欖園（位於西班牙伊維薩島（Ibiza）的 Can Toni Martina）的特級初榨橄欖油。

**SCRUBBY OAK FINE FOODS**
www.scrubbyoakfinefoods.co.uk
有各式精挑細選的手工英國醋。

**RACALIA SICILIAN OIL**
www.racalia.com
高品質橄欖油與柑橘類水果的生產者。

**WAITROSE**
www.waitrose.com
為充滿熱血的廚師們提供各式各樣的橄欖油與醋。

## 美國

**GUSTARE OILS & VINEGARS**
www.gustareoliveoil.com
有來自世界各地的特級初榨橄欖油與巴薩米克醋。

**OLIVELLE**
olivelle.com
有橄欖油、香草油、堅果與種籽油、柑橘油，還有巴薩米克醋、葡萄酒醋和各式加味食用醋。

**AUTUMN HARVEST OIL COMPANY**
www.autumnharvestoil.com
這是一間家族企業，專做天然食用油與食用醋的生意。

**OIL AND VINEGAR RICHMOND**
richmond.oilandvinegarusa.com
販賣各種國際食品與烹飪相關商品。

# 攝影師名單

# 英文檢索

# 致謝

集合了眾人對烹飪的精闢見解與協助，本書才得以完成。我熱愛團隊合作，而這一切都要感謝 Julia Charles、Toni Kay、Leslie Harrington、Delphine Lawrance、Jan Baldwin、Emma Marsden、Anne Dolamore、Judy Ridgway 和 Eric Treuille 等人專業的指導與鼓勵，還有支持。

謝謝 Sally Daniels 的超級專業、速度與效率，還有解讀我的鬼畫符的能力。謝謝 Juliet 與 Peter Kindersley 遠從西班牙的伊維薩島（Ibiza）寄給我一些他們的出色油品，而且還不厭其煩地一一解答我的問題。感謝 www.racalia.com 網站的 Will 與 Val 如此迅速地提供我資訊，並鼎力相助。他們的油品都歸功於其熱情奉獻。感謝位於英國諾福克（Norfolk）www.scrubbyoakfinefoods.co.uk 網站的 Robin 與 Debbie Slade，謝謝他們那些振奮人心的美好醋品收藏以及超級愉快的閒聊！謝謝 Charles Carey（www.theoilmerchant.co.uk 網站的創立者），他充滿了執著與熱情，總是不斷地尋找令人驚艷的好油。也謝謝與 Charles 一同工作的 Frances Jaine，她是上天派來的使者，她一直協助我挑選好油——而這真是個美味的任務。另外我還要感謝 Gareth Miles 在美國油品方面的努力。

特別感謝我的編輯 Nathan Joyce，謝謝他以敏銳而犀利的眼光鉅細靡遺地檢查一切——校稿找他就對了！

最後還要感謝我的好友 Margaret Godfrey 的支持與祈禱。